# 有一种文化叫节气

王永红
张海宏 ◎ 主编

中国三峡出版传媒
中国三峡出版社

**图书在版编目（CIP）数据**

有一种文化叫节气 / 王永红, 张海宏主编. —北京：中国三峡出版社，2018.8

ISBN 978-7-5206-0053-8

Ⅰ．①有… Ⅱ．①王… ②张… Ⅲ．①二十四节气—通俗读物 Ⅳ．①P462-49

中国版本图书馆 CIP 数据核字（2018）第 135944 号

责任编辑：李　东

中国三峡出版社出版发行

（北京市西城区西廊下胡同51号　100034）

电话：（010）57082566 57082645

http://www.zgsxcbs.cn

E-mail:sanxiaz@sina.com

北京华联印刷有限公司印刷　新华书店经销

2018 年 8 月第 1 版　2018 年 8 月第 1 次印刷

开本：710 毫米 ×1000 毫米　1/16　印张：13.75

字数：152千字

ISBN 978-7-5206-0053-8　定价：38.00元

# 编 委 会

# 漫话二十四节气

二十四节气起源于黄河流域，它是我国古代劳动人民通过长期的生产生活实践摸索出来的，是对自然变化规律的认识，是中国古代为指导农事活动而订立的一种补充历法。古代时的人们利用土圭实测日晷，将每年日影最长定为"日长至"（又称日至、长至、冬至），日影最短为"日短至"（又称短至、夏至）。在春秋两季各有一天的昼夜时间长短相等，便定为"春分"和"秋分"。在商朝时只有四个节气（春分、秋分、夏至、冬至），到了周朝时发展到了八个（春分、秋分、夏至、冬至、立春、立夏、立秋、立冬），到秦汉年间，二十四节气已完全确立。

公元前 104 年，由邓平等制定的《太初历》，明确了二十四节气的天文位置。太阳从黄经零度算起，沿黄经每运行 15° 所经历的时日称为"一个节气"。二十四节气每一个节气分别相应于太阳在黄道上每运动 15° 所到达的一定位置。每年运行 360°，共经历 24 个节气，每月 2 个。二十四节气又分为 12 个节气和 12 个中气，一一相间。二十四节气反映了太阳周年运动的规律，所以，在公历中它们的交节日期是相对固定的，上半年的节气在 6

日，中气在 21 日，下半年的节气在 8 日，中气在 23 日，二者前后不差 1—2 日。其中，每月第一个节气为"节气"，即：立春、惊蛰、清明、立夏、芒种、小暑、立秋、白露、寒露、立冬、大雪和小寒等 12 个节气；每月的第二个节气为"中气"，即：雨水、春分、谷雨、小满、夏至、大暑、处暑、秋分、霜降、小雪、冬至和大寒等 12 个节气。"节气"和"中气"交替出现，各历时 15 天，现在人们已经把"节气"和"中气"统称为"节气"。

二十四节气名称首见于《淮南子·天文训》，《史记·太史公自序》的"论六家要旨"中也有提到阴阳、四时、八位、十二度、二十四节气等概念。汉武帝时，落下闳将节气编入《太初历》之中，并规定无中气之月，定为上月的闰月。

二十四节气的命名反映了季节、物候现象、气候变化三种。反映季节变化的是立春、春分、立夏、夏至、立秋、秋分、立冬、冬至；反映物候现象的是惊蛰、清明、小满、芒种；反映气候变化的是雨水、谷雨、小暑、大暑、处暑、白露、寒露、霜降、小雪、大雪、小寒、大寒。

为了便于记忆，古人将二十四节气用音韵组成四句口诀：

### 《二十四节气歌》

春雨惊春清谷天，夏满芒夏暑相连，

秋处露秋寒霜降，冬雪雪冬小大寒。

先秦时期，在《逸周书·时训解第五十二》中，对二十四节气及七十二候有完整的记载。五日为候，三候为气，六气为时，四时为岁，一年二十四节气共有七十二候，各候均对应一个物候现象，七十二候的依次变化，反映了一年当中气候变化的基本情

况，对当时的农事活动产生了一定的作用。

二十四节气是我国古代劳动人民的智慧结晶。2016 年 11 月 30 日，二十四节气被正式列入联合国教科文组织人类非物质文化遗产代表作名录。在国际气象界，二十四节气被誉为"中国的第五大发明"。2017 年 5 月 5 日，"二十四节气"保护联盟在浙江杭州拱墅区成立。随着中国历法的外传，二十四节气已流传到世界许多地方。

# 目录

春

# 立春

节气释义

　　"从此雪消风自软，梅花合让柳条新。"立春是我国农历二十四节气中的第一个节气，一般是在每年公历 2 月 3 日—5 日交节，它是春季里的首个节气，意味着新的一年的开始。立春也叫"打春"，立春日一般是从冬至"数九"后的第六个"九"开始，所以有"春打六九头"之说。"五九六九，河堤看柳"，在立春时节，人们已经可以看到微微的绿色了，满眼都是娇嫩的花朵、吐绿的新芽。

　　从立春这一日开始，东风渐盛，天气开始回暖，最冷的时期基本过去了，人们明显感觉到白天变长，太阳也暖和多了，春风吹暖了空气，吹化了寒冰，吹醒了蛰虫。立春节气也告诉从事耕种的人们，可以开始为一年的农事活动做准备了。因为"立春一日，百草回芽"，"立春一日，水暖三分"，农时不可误。为了祈祷新的一年五谷丰登，历史上每逢立春日，官府和民间都会举办一些迎春活动。朝廷有隆重的祭祀活动，民间有迎春、报春、游春活动，就连人们的衣着打扮都不同于往日，他们会梳春髻、戴春胜、穿新衣，把绢制的春娃、手绘的春牛图作为礼物馈赠，把吉祥如意的祝福送给左

邻右舍，送给亲朋好友。在吃的方面，立春这天，家家户户要摆春盘、炸春卷、做春饼、啃萝卜，大家把这一天的吃食叫作"咬春"，还留下了"吃了立春饭，一天暖一天"这样的农谚。

## 立春三候

初候，东风解冻。

二候，蛰虫始振。

三候，鱼陟（zhì）负冰。

春风送暖，大地开始解冻；蛰居的虫类在洞中慢慢地苏醒；河水上面的冰开始融化，鱼来到冰面下游动，此时水面上还有未融化的浮冰，就像被鱼背着一般浮在水面上。

### ✂ 南北农事大不同

古时的农耕水平无法与今人拥有的先进设施相比，然而，他们在缺少种植方法和技术的境况下，却有着对大自然细心的观察、对大地的诚恳，以及自身的勤奋，期盼获得作物的丰收。农家深谙节气时令对农事的重要影响，会按照节气时令来安排农事，精耕细作。但我国幅员辽阔，气候差异大，立春过后，冬季的寒冷才会由南向北逐渐消退，所以，南北的农事活动也大不相同。

在北方，立春之时还是天寒地冻，并伴有大风天气。农家在此时多是兴修水利，修理农具，选种、晒种，为新一年的春耕做好准备。此时冬小麦还未返青，农家要根据天气情况、麦苗生长状况，选择适宜的时间浇返青水，并期盼立春过后不要太过温暖。因为冬小麦若提早返青，而天气却变化无常，一股冷空气的到来，则可能给冬小麦带来灭顶之灾。

在南方，立春后是阴雨绵绵，草木萌芽，春耕春种，已是农事繁忙了。可是天气永远让农家琢磨不定，就如王安石所说："春日春风有时好，春日春风有时恶。不得春风花不开，花开又被风吹落"。农家虽惧"倒春寒"，但对天气却无可奈何，只能用自己的勤奋降低影响——清沟理墒（shāng），防治虫害。

无论到何时，农事对自然的依赖是亘（gèn）古不变的。而我们中国人自古就深谙大自然的语言，并以此把握农事节奏，诠释了天地人合一的思想，达到了人与自然和谐发展。

## ༄ 历史上的立春时节

春节，是我们中国人最重视的传统节日。但是，最早的春节可不是正月初一，而是立春。可能是因为立春有时在农历年尾，有时在农历年初，甚至有的年份没有立春，立春才被正月初一所取代吧！即便如此，立春仍是我国延续至今的传统节日，只不过节日的气氛远没有春节那般热闹了。

　　在历史上，立春是上至皇帝、下至百姓都极其重视的节日。有史书记载：在立春的前三日，皇帝要斋戒，到了立春当日，则要率领王公大臣到东方的郊外去迎春，祈求丰年。为什么一定要到东方呢？因为立春时，人们拜祭的春神——句（gōu）芒，居住在东方。句芒是我国古代民间传说中的春神，人面鸟身，坐骑是两条龙，主管着草木发芽生长。后来，人们把芒神画得更像人了，在迎春的年画中是两眼笑眯眯、打着赤脚放牛的牧童。多有意思呀！

　　到了民间，更有"鞭春牛"这样的迎春仪式。人们用泥土捏成一个象征农事的耕牛，肚子里塞上五谷，按照辈分长幼顺序，纷纷用鞭子抽打土牛，当土牛被打烂时，五谷就流了出来。这时，人们一拥而上，纷纷争抢五谷撒到自家的耕田中，期盼丰年的到来。这一习俗体现了古人对春天、对农业的重视，表达了人们对农业丰收的祈盼，也寄托了先民对人勤春早的信心与向往。其实，这里还有一个好听的故事，主人公就是我们刚刚提到的春神——句芒。相传一年的立春时节，句芒带着百姓开始翻土犁田，准备播种。可是，干活的主力——老牛，却躲在牛棚里睡大觉，怎么驱赶都不出来干活，人们又舍不得真的狠心抽打它。这时，句芒灵机一动，让人们用泥巴糊了一头牛，然后用鞭子狠狠地抽打泥牛。鞭子带着风声"啪啪"作响，一下子就惊醒了老牛，吓得它赶紧起身，乖乖地跑到田里帮助人们犁田去了。

## ∞ 春天，快到我的碗里来

　　如今，立春的许多活动已经消失了，但吃的习俗至今还保留不少，如吃春饼。春饼最早起源于潮州，发展到现在，人们普遍认为北京、东北的春饼最为好吃。春饼的做法并不复杂，首先用热水和面，然后搓成条，再揪成一块块的面疙瘩。接下来，从中取出两块，一面刷上油，重叠在一起，擀成面饼。最后放到平底锅中，烙出薄而有韧劲的面饼，再配上炒韭菜、炒豆芽、摊鸡蛋、生葱、萝卜丝等蔬菜，用面饼裹上各种配菜，卷成卷，就可以吃了。吃的时候，要从头吃到尾，取"有头有尾"的吉祥之意。慢慢地咬上一口春卷，面香、菜香溢满口中。传说吃了春饼和其中所包的各种蔬菜，会使人们更加勤（芹）劳，生命更加长久（韭）。清代诗人蒋耀宗和范来宗的《咏春饼》联句中也有一段精彩生动的描写："……匀平霜雪白，熨贴火炉红。薄本裁圆月，柔还卷细筒。纷藏丝缕缕，才嚼味融融……"人们一边饱着口福之欲，一边盼着春日的到来。

　　春饼的制作因为地域的不同，也各有变化。比如在贵州，人们用软得如泥的烫面在热锅上一摊，再一提，一张薄如纸的面皮就做好了。饼皮个头虽小，却可以加上20种的素菜。从形态到内容，春饼千姿百态，但追根溯源都离不开人们期盼春天的美好心愿。

　　听着不过是民间饮食习俗，其中却体现了中国人舌尖上的智

慧。我们的老祖宗一直提倡人的作息、养生也应顺应四时的自然变化。立春的到来，要注意保护肝脏，而春饼中的韭菜、豆芽、青葱，都具有发散、护肝的作用。

再比如萝卜，古代称芦菔（fú），有诗云："秋来霜露满东园，芦菔生儿芥有孙。"吃萝卜可以解春困，经常食用还可以理气、软化血管、祛病等。《明宫史·饮食好尚》记载："立春之时，无贵贱皆嚼萝卜，名曰'咬春'。"萝卜含有维生素C，可以帮助消化身体里的废物，促进新陈代谢。

四时诗韵

## 减字木兰花·立春

（宋）苏轼

春牛春杖，无限春风来海上。

便与春工，染得桃红似肉红。

春幡春胜，一阵春风吹酒醒。

不似天涯，卷起杨花似雪花。

**名师点拨**

这是苏轼被贬到儋州时，所写的一首歌咏春天的诗。立春时节，北方还春寒料峭，春意萌芽，而海南已是桃花遍地。海南因地处热带，一年四季并不分明，春日风光自然与北方不同。苏轼的诗词善用比喻，这首诗里，他把春天比作农工，将桃花染得如同血肉一般的颜色。海南气候温暖，立春时就已见杨花（即柳絮）。想象一下，雪白的杨花，粉红的桃花，红与白交相辉映。

而在北方，这般景象要到春分时节才可见到。

海南春天来得并不明显，但迎春的礼仪半分也没少。这首诗分上下两节，每节的首句都从迎春的习俗写起。上节"春牛春杖"指的就是泥牛和耕夫手中的鞭子了，耕夫扶犁执杖，象征着春耕的开始。《后汉书·礼仪志上》记载："立青幡，施土牛耕人于门外，以示兆民（兆民，即百姓)。"下节的"春幡春胜"指的是为迎春立于门户外的彩旗，以及巧手的农妇用纸剪出的春花与"春"字，又叫"剪胜、彩胜"。一句"一阵春风吹酒醒"更写出了迎春仪式的酒宴上，人们的喜悦心情，真是酒不醉人，春醉人呀！

更有意思的是这首诗里连用了七个"春"字，两个"红"字，两个"花"字。一般古诗词中是以"同字相犯"为戒的。这就是苏轼不受束缚，勇于创新之处。这些相同的字形成了错落有致的美，更渲染了春天的美好。

### 红红火火过大年

又是一年新春到，家家户户过大年。农历新年是全球华人的重大节日，那么，过新年从什么时候开始，什么时候结束，又有哪些习俗呢？让我们一一历数。

农历腊月二十三是小年，人们最主要的活动要祭灶神，把融化的关东糖抹在灶王爷的嘴上，希望灶王上天言好事，到大年三十再迎灶王。

腊月二十四掸尘扫房，不仅要干干净净过大年，还有破旧立新的美好寓意。

腊月二十五有磨豆腐、赶乱岁、照田蚕的习俗。

腊月二十六杀猪吃肉，意思就是改善伙食。

腊月二十七洗澡、洗衣，除去污垢，焕然一新迎新年。

腊月二十八最重要的习俗就是贴春联、年画、窗花、福字，寄予人们美好的愿望。

腊月二十九祭祖，对祖先的崇拜是我们孝道的标志。这一天也被称为小除夕。

腊月三十是一年的最后一天，有许多过年的重要活动。首先，要贴门神，迎祥纳福；然后，全家人坐在一起吃年夜饭；最重要的就是守岁，除夕夜不能睡觉，家家户户灯火通明，热闹无比。

正月初一是新年的第一天，人们要早起，第一件事就是放鞭炮，预示新的一年红红火火。这一天，家人之间互相拜年，长辈要给孩子们压岁钱。

正月初二被称为姑爷节，姑爷要去给岳父、岳母拜年。

正月初五俗称"破五"，一定要吃饺子。

正月十五是元宵节，因为这是一年中第一个月圆之日，所以，新年达到了高潮。人们放灯、观灯、吃元宵，表达自己对新一年的美好愿望。

其实因地域原因，各地风俗略有差别，但都表示人们对新的一年的热切期盼。

经典谚语

1. 立春一年端，种地早盘算。

立春是春天的开始，是一年的开端，若要今年有个好年景，就要从立春之时开始筹划。

2. 打春冻人不冻水。

立春时的气候就是这样，冬季的寒冷还没消退，人依然可以感受到寒意，但气温已开始回升，河水渐渐解冻。

3. 立春雨水到，早起晚睡觉。

冬季的干燥，随着立春的到来可以缓解了，雨水来了，有利于农家耕种，人们早起晚睡，为农事繁忙。

谚语荟萃

- 一年之计在于春，一生之计在于勤。
- 人勤地不懒，秋后粮仓满。
- 春争日，夏争时，一年大事不宜迟。
- 人误地一天，地误人一年。
- 增产措施千万条，不误农时最重要。
- 春寒夏闷多雨，秋冷冬干多风。

# 雨水

节气释义

　　雨水是二十四节气中的第二个节气，在每年公历 2 月 18 日—20 日交节。这个时节，天地间气温回升，冰雪融化，降水开始逐渐增多了。雨水和谷雨、小雪、大雪节气一样，都是反映降水现象的节气。《月令七十二候集解》："雨水，正月中，天一生水。春始属木，然生木者，必水也，故立春后继之雨水。且东风既解冻，则散而为雨水矣。"意思是说，雨水节气前后，万物开始萌动，春天就要到了。在古籍《逸周书》中就有进入雨水节气后，"鸿雁来""草木萌动"等物候现象的记载。

　　雨水不仅表明降雨的开始及雨量增多，而且还表示气温的升高。雨水节气前，天气相对来说比较寒冷。

雨水节气后，人们则明显感到春回大地，春暖花开，万物生机勃勃。雨水时节，我国大部分地区的气温回升到0℃以上，华南地区气温甚至在10℃以上。虽然雨水时节气温开始回暖，万物复苏，但是冷暖空气交替频繁，天气变化莫测。我们的祖先根据这时的气候变化特点，提出在穿衣方面要"春捂"的原则，告诉我们在这个乍暖还寒的季节中，要让身体逐步适应温暖的天气。此时，春风送暖，致病的细菌、病毒易随风传播，所以，我们还要防范春季里传染病的传播。

## 雨水三候

初候，獭祭鱼。

二候，候雁北。

三候，草木萌动。

雨水节气，水獭开始捕鱼了，将鱼摆在岸边，如同先祭后食的样子；接着，大雁开始从南方飞回北方；之后，在"润物细无声"的春雨中，草木随地中阳气的上腾而开始抽出嫩芽。从此，大地渐渐开始呈现出一派欣欣向荣的景象。

 节气探源

### ∞ 东风解冻，正是一年春耕时

在雨水节气的十五天里，我们从"七九"的第六天走到了"九九"的第二天，"七九河开，八九燕来；九九加一九，耕牛遍

地走"，这意味着除了西北、东北、西南高原的大部分地区仍处在寒冬中，其他地区正在进行或已经完成了由冬转春的过渡，

乍暖还寒是这一时期气候的主要特点。我国是一个季风气候非常明显的国家，这时东风渐起，带来了来自太平洋温暖湿润的春风。雨水节气里，这股暖风虽然还不够强劲，但是气温已开始逐步升高了，雪减少，而雨渐多。"雨水到来地解冻，化一层来耙一层"，在春风雨水的催促下，严寒多雪之时已经过去，雨量渐渐增多，冻土慢慢融化，农民抓紧对越冬作物的田间管理，做好选种、春耕、施肥等春耕春播准备工作，一派春耕的繁忙景象。

　　雨水时节，天气回暖，非常有利于农作物的生长。但是，农作物的返青生长，对水分的要求也是很高的，这个节气的降水对农作物的生长显得特别重要。在雨水时节，华北、西北以及黄淮地区的降水量一般较少，常不能满足农业生产的需要。假如早春少雨，雨水节气前后就要及时进行"春灌"，让地里的嫩苗一次喝个够。然而，在淮河以南地区就不同了，要加强中耕锄地为主，同时，要搞好田间清沟沥水，以防春雨过多，导致湿害烂根。总之，雨水在这个时节是非常重要的，少了不行，多了更不行。

## ◎ 雨水节，感恩养育情

　　在我国一些地区，雨水节气这天，女婿、女儿要去看岳父

岳母。在川西，这种风俗叫作回娘屋，出嫁的女儿纷纷带上礼物回娘家拜望父母。所送的礼品通常是两把藤椅，上面缠着一丈二尺长的红带，这称为"接寿"，意思是希望岳父岳母"寿缘"长，长命百岁。

雨水节气送的另外一个典型礼品就是"罐罐肉"：用砂锅炖了猪脚和雪山大豆、海带，再用红纸、红绳封了罐口，恭敬地给岳父岳母送去。这是对辛辛苦苦将女儿养育成人的岳父岳母表示感谢和敬意。如果是新婚女婿上门拜访，岳父岳母还要回赠雨伞，使女婿出门奔波可以遮风挡雨，也有祝愿女婿人生旅途顺利平安的意思。

从这些习俗我们都能看出，雨水这一天的习俗很多都与感恩家人息息相关，非常具有人情味。雨水滋养了天地万物，就像父母对我们的关爱一样"润物细无声"，在雨水这一天感恩父母的养育之情是非常有意义的。当然，这一点体现了我国古代人民对亲情的重视，对家庭的重视。同时，也可以看出在生产力落后，以农耕为主的社会中，家里人口的多少决定了家里劳动力的多少，也就关乎家庭的兴旺程度。人口的兴旺意味着家族的兴旺，因此，在雨水节气这天，人们向天祈福或是回家看望父母，都寄予了人们对生活的美好愿望。

# 春夜喜雨

（唐）杜甫

好雨知时节，当春乃发生。

随风潜入夜，润物细无声。

野径云俱黑，江船火独明。

晓看红湿处，花重锦官城。

## 名师点拨

这是一首描绘春夜雨景、表现喜悦心情的名作。在诗中，作者将初春夜晚悄悄而至的细雨拟人化。这首《春夜喜雨》用"细、潜、润"将"好雨"的特点描绘出来。雨之所以"好"，就好在"适时"，好在"润物"。"随风潜入夜，润物细无声"这是拟人化的修辞手法，"潜入夜""细无声"的配合，不仅表明了那雨是伴随和风而来的细雨，而且写出了那雨有意"润物"，无意讨好，她选择在一个不妨碍人们工作和劳动的时间悄悄地来，在人们酣睡的夜晚无声地、细细地下，呼应雨的"好"，道出了"好雨"的高尚品格"知时节"。在诗句中，这惹人怜爱的雨丝好像懂得农人们焦急、盼望的心情一样。怪不得诗人夸赞这雨是"好雨"，说她"知时节"。这里的时节指的就是初春时节，这时万物萌芽勃发，正需要雨露的滋润，而就在这个时候，雨丝飘扬而至，难道不是"好雨"吗？

在诗的结尾，作者运用想象的写作手法为人们描绘了锦官城雨后清晨的迷人景象。这样"好雨"静静地下了一夜，天地间的万物就都得到了滋润。尾联中一个"重"字，写出了雨后一朵朵红艳艳、沉甸甸的鲜花，汇成了充满蓬勃生机的花海。"红湿""花重"等字词的运用，充分说明诗人观察事物的细腻。全诗未着一个"喜"字，而这份欣喜却渗透于字里行间，每句都洋溢着作者的欢喜之情。这种通过描绘出的画面来表现情感的艺术手法，是值得我们学习的。

## 雨水时节正月半　元宵佳节庆太平

　　雨水节气在每年正月十五前后交节，此时正好赶上元宵节。元宵节又称上元节，是春节之后的第一个重要节日。中国古俗中，上元节、中元节、下元节合称三元。元宵节始于2000多年前的秦朝，汉文帝在位时，下令将正月十五正式定为元宵节。

　　元宵节是怎么来的呢？传说元宵节是汉文帝为纪念"平吕"而设。汉高祖刘邦死后，吕后之子刘盈登基为汉惠帝。惠帝生性懦弱，优柔寡断，大权渐渐落在吕后手中。汉惠帝病死后，吕后独揽朝政，把刘氏天下变成了吕氏天下，朝中老臣及刘氏宗室深感愤慨，但都惧怕吕后残暴，敢怒不敢言。

　　吕后病死后，诸吕惶惶不安，害怕遭到伤害和排挤。于是，他们在上将军吕禄家中秘密集会，共谋作乱之事，以便彻底夺取刘氏江山。此事传至刘氏宗室齐王刘襄耳中，刘襄为保刘氏江山，决定起兵讨伐诸吕，随后与开国老臣周勃、陈平取得联系，设计解除了吕禄的兵权，"诸吕之乱"终于被彻底平定。

平乱之后，众臣拥立刘邦的第二个儿子刘恒登基，称汉文帝。文帝深感太平盛世来之不易，便把平息"诸吕之乱"的正月十五定为与民同乐日，京城里家家张灯结彩，以示庆祝。从此，正月十五便成了一个普天同庆的民间节日——"闹元宵"。

"星月当空万烛烧，人间天上两元宵。"元宵之夜，大街小巷张灯结彩，闹元宵，看花灯。人们猜灯谜，赏花灯，将从除夕开始延续的庆祝活动推向又一个高潮，成为世代相沿的习俗。元宵节吃的这种特定食品，北方人称元宵，在南方则称汤圆。专家表示，不论是元宵还是汤圆，这些名字与"团圆"音近，取团圆和美之意，又逢十五月圆之夜，象征全家人团团圆圆，和睦幸福。此后每逢正月十五，人们会以元宵佳节来怀念离别的亲人，寄托大家对未来生活的美好愿望。

经典谚语

1. 雨水落了雨，阴阴沉沉到谷雨。

雨水时节虽然气温回暖，但是乍暖还寒，也会有阴雨绵绵的景象。

2. 立春天渐暖，雨水送肥忙。

初春是万物萌发的时节，生长就需要养分。这个时节，农民在田间地头已经开始忙碌着，给农作物除草和施肥。

3. 雨水到来地解冻，化一层来耙一层。

雨水时节，天气渐暖，冻土解冻，农民们开始春耕了。

谚语荟萃

● 水满塘，粮满仓，塘中无水仓无粮。

● 水是庄稼血，肥是庄稼粮。

● 水是金汤玉浆，灌满粮囤谷仓。

● 雨水节，雨水代替雪。

● 雨水非降雨，还是降雪期。

# 惊蛰

节气释义

惊蛰是二十四节气中的第三个节气，每年公历的 3 月 5 日或 6 日交节。惊蛰最开始叫启蛰，"启"是"开始"的意思。汉景帝刘启在位时，出于避讳自己的名字这个原因，就改叫为"惊蛰"。常言道："惊蛰到，惊蛰到，冬眠的虫子睡醒了。"意思就是说，天气渐渐转暖了，春雷就像战鼓"咚咚"地敲响，惊醒了蛰伏在地下冬眠的小动物们，它们都开始出来活动啦！其实，小虫子是听不到雷声的，天气的变暖，才是它们开始出来活动的原因。

惊蛰时节天气回暖，春雷始鸣，我国各地春雷开始打响的时间也各不相同，一般来说，云南南部在 1 月底前后即可闻雷，而北京的初雷日却常出现在 4 月下旬。"惊蛰始雷"的说法则与江南地区的气候规律相吻合。《月令七十二候集解》中说："二月节，万物出乎震，震为雷，故曰惊蛰。是蛰虫惊而出走矣。"按一般的气候规律，天气已开始转暖，雨水渐多，大部分地区都已进入了春耕，惊醒了蛰伏在泥土中冬眠的各种昆虫。由此可见，惊蛰

是反映自然物候现象的一个节气。"春雷惊百虫"，温暖的气候条件引起多种病虫害的发生和蔓延，田间杂草也相继萌发，农家应及时搞好病虫害防治和耕种除草。"桃花开，猪瘟来"，家禽家畜的防疫在此时更要引起重视了。

## 惊蛰三候

初候，桃始华。

二候，仓庚鸣。

三候，鹰化为鸠。

惊蛰时节，南方气温开始回升了，桃花即将开放了；仓庚，就是黄莺，它在翠绿的柳枝间鸣叫；鹰和鸠本身是两种不同的鸟，古代的时候，人们不知道鹰是飞往北方繁衍后代的，误以为鹰就是鸠，便以"鹰化为鸠"作为物候的特征。

节气探源

### ❧ 惊蛰亦可知农事

惊蛰到，雷公公敲响了战鼓，各种各样的小虫就会从泥土中、洞穴里出来活动啦！小花蛇扭动着它的小蛮腰，小蜈蚣伸出它的多只脚，小壁虎、小蝎子都出来了。

气温回升，土壤开始解冻了。此时，除了我国东北、西北地区还很冷之外，其他地区早已是春光无限了，桃花红、梨花白、黄莺叫、春燕飞，处处鸟语花香。华北地区的冬小麦已经开始返青了，此时需要及时浇水。江南的小麦已经拔节，油菜花也开始见花了，对水和肥的要求逐渐多了起来。俗话说"麦沟理三交，赛如大粪浇。""要得菜籽收，就要勤理沟。"华南地区的早稻播种也开始了，茶树开始萌动，需要进行修剪，及时催肥，使之多发叶，提高茶叶的产量。桃、梨、苹果等果树要施好花前肥。

我国华北地区的春季雨水少，晴天多，春旱就比较严重。这个时节的玉米、棉花等已播种成苗，需要特别充足的水分，若能在此时下雨，自然就显得特别珍贵，因此，在华北地区有"春雨贵如油"之说。

## ∞ 惊蛰亦可闻春雷

"春雷响，万物长"，惊蛰时节正是大好的"九九"艳阳天，除东北、西北地区仍然是银装素裹的冬日景象之外，我国大部分地区平均气温已升到0℃以上，华北地区日平均气温为3~6℃，江南地区为8℃以上，而西南和华南地区更是达到10~15℃。这时，气温回升较快，长江流域大部分地区已经渐渐有春雷了。华北地区的西北部除了个别年份以外，一般要到清明前后才会有雷声。惊蛰的雷鸣最是引人注目，如"未过惊蛰先打雷，四十九天云不开。"意思是如果在惊蛰节气前就出现打雷的现象，表示可能会出现雨水连绵的异常天气，而且容易发生灾害。看来惊蛰节气前打雷，对农作物不是件好事哟！

惊蛰前后之所以偶有雷声，是大地湿度渐高，促使近地面热

气上升，或北上的湿热空气势力较强与活动频繁所致。凝聚民间的智慧，有许多有关惊蛰响雷的说法，如果我们去对照就不难发现，"惊蛰未到响雷霆，一日落雨一日晴。"还没有到惊蛰节气就响起雷声，那一定是一会儿晴天，一会儿雨，雨要一直下到清明节了，而且，渔业上还有"惊蛰虾蛄芒种虾"的谚语。而根据我们的经验，在惊蛰这一天响雷不稀奇，但之前出现雷声还是比较少见的。

## ✍ 惊蛰时节吃点啥

惊蛰时节，民间有吃梨的习俗。人们平时是忌讳分梨吃的，比如中秋节、除夕夜都是不能在桌上摆放梨的，忌讳"离"字。但是，在惊蛰节气是要吃梨的，因为"梨"和离别的"离"谐音，惊蛰吃梨意味着远离病患，健康平安。庄稼远离虫害，能有一个好收成。

北方民俗也有惊蛰"吃虫"的说法。人们把黄豆、芝麻等放在锅里翻炒，劈里啪啦有声，被称作"爆龙眼"。然后大人和孩子都争抢着去吃炒熟的黄豆，称作"吃虫"，意思是说"吃虫"之后，人和牲畜都无病无灾，庄稼不会遭虫害，祈求风调雨顺。洋葱营养丰富，具有杀菌的功效，惊蛰时节吃洋葱，可以让病毒、细菌远离人体，我们还可以多吃些苜蓿、菜花、菠菜、大蒜、芥蓝、香菜、豌豆苗等。

惊蛰时节是各种植物生根发芽的时期，也是各种疾病发生的时期，所以，惊蛰时节慎吃"发物"。发物就是有营养或有刺激性，容易让病态发生变化的食物，比如猪头肉、狗肉、牛羊肉、韭菜、荠菜、香椿、朝天椒等。在这个时节要忌过量食用糯米制品，因为糯米过于黏滞，不利于消化，吃多了易引起肠胃病。

## 观田家

（唐）韦应物

微雨众卉新，一雷惊蛰始。

田家几日闲，耕种从此起。

丁壮俱在野，场圃亦就理。

归来景常晏，饮犊西涧水。

饥劬（qú）不自苦，膏泽且为喜。

仓廪（lǐn）无宿储，徭役犹未已。

方惭不耕者，禄食出闾里。

**名师点拨**

《观田家》是唐代诗人韦应物就任地方官时，所写的一首描写农家日常生活的五言律诗。诗人通过细致的观察和反思，深深地表露出自己始终是站在同情人民疾苦的立场上，对不合理的现实社会的揭露与抨击，真实地再现了农家生活的凄楚与悲哀。

"微雨众卉新，一雷惊蛰始。"首联以春雨、春雷发生的场景展开表述，表现出惊蛰时节到来，万木逢春雨欣欣向荣的景象，以及蛰伏在土壤中的小动物纷纷被春雷惊醒，表达了诗人此刻的欣喜之情。"田家几日闲，耕种从此起。"则是说农家刚刚才过了几天悠闲的日子啊，忙碌的春耕劳作就又开始了。"丁壮俱在野，场圃亦就理。"意思是年轻力壮的男子都下到田里干活去了，留在家里的女人还要去打理家门口的菜地。"归来景常晏，饮犊西涧水。"男子结束一天的忙碌回到家里，此时虽然已经很晚了，却还得抓紧时间牵着牛去让它饮水，说明到了农忙时节，农家很少有时间休息一会儿。"饥劬不自苦，膏泽且为喜。"辛苦、劳累、饥饿始终伴随着这段时间，但是农家不觉得自己辛苦，看到禾苗被雨水滋润过的样子，他们很是欣喜，这两句写出了农家的勤劳朴实。"仓廪无宿储，徭役犹未已。"虽然家里经常没有隔夜的粮食，粮食不够吃，可各种徭役却没完没了。"方惭不耕者，禄食出闾里。"面对这样的现实生活，诗人自感自己没有下田耕种，却拿着官方的俸禄，心生惭愧，心里受到折磨。

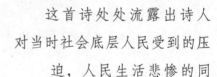

这首诗处处流露出诗人对当时社会底层人民受到的压迫，人民生活悲惨的同情，联想到自己当官拿着俸禄却碌碌无为的羞愧心情，不满当时社会的封建统治。

# 惊蛰节气中的"二月二，龙抬头"

农历"二月二"又被称为"春耕节""农事节""春龙节"，是中国民间传统的节日，传说是尧王的诞辰日，最早起源于伏羲氏时代。伏羲"重农桑，务耕田"，每年二月二"皇娘送饭，御驾亲耕"，号召文武百官都要亲耕。到了清朝时期，把这一天称之为"龙抬头"的日子，俗话说"二月二，龙抬头，蝎子、蜈蚣都露头。"民间俗称的"二月二，龙抬头"的说法，与二十四节气中的惊蛰节气有关，寓意着人们祈求幸福安康的美好心愿。

据民俗学家介绍，"龙抬头"的说法来源于我国古代神话传说，古人原来是用它反映季节变化的。农历二月初二前后，是二十四节气之惊蛰节气，各种动物都会在这个时节开始出动了。这其中，作为中国历史文化中的图腾，龙在中国人的心目中有着极其崇高的地位，是祥瑞之物，更是和风化雨的主宰。俗话说："龙不抬头，天不下雨"，也就是说祈望龙抬头兴云作雨，滋润万物。雨水对于播种插秧的农民来说是非常重要的，它保证了秋天会有个好收成。人们更希望借助龙的声威来制服百虫，让害虫不敢危害庄稼。

农历"二月二"，民间还有"剃龙头"这样的习俗，大家普遍认为在这一天剃头，会使人红运当头、福星高照，因此，民谚说"二月二剃龙头，一年都有精神头"。再有就是，很多人固守正月里不能理发的老规矩，在腊月理完头发后，一个月都不可以去发廊，直到"二月二"才解禁，这也使得每逢"二月二"这一天，发廊里生意都特别兴隆。不过，这一民间禁忌近年来已经淡薄了很多。

经典谚语

1. 惊蛰春雷响，农夫闲转忙。

惊蛰时，天气转暖，渐有春雷，冬眠的动物出土活动。春耕季节到来，农民要由闲转忙，抓紧时间干农活了。

2. 惊蛰有雨并闪雷，麦积场中如土堆。

我国北方地区常年较易出现春旱，春季降雨有利于补充土壤墒情，满足冬小麦春季生长的需要，使得秋天获得丰收。

3. 到了惊蛰节，耕地不能歇。

惊蛰节气以后，我国大部分地区气温明显回升，土壤多已解冻，雨水增多，此时正是春耕春种的好时机，各种农活都来了，人和牲畜都忙得不能停歇。

谚语荟萃

- 惊蛰不耙地，好像蒸锅跑了气。
- 惊蛰地气通。
- 惊蛰麦返青，春分麦起身。
- 雷打惊蛰谷米贱，惊蛰闻雷米如泥。

# 春分

节气释义

春分是二十四节气中的第四个节气，于每年公历 3 月 20 日或 21 日交节。春分时节，我国大部分地区都已进入了明媚的春天，风和日丽，鸟语花香。到了春分日，太阳几乎直射地球赤道，这一天正是春季九十天的一半，所以，人们称之为春分。又因为这一天的白天和夜晚时间近乎一样长，所以古时又称为"日中"、"日夜分"。

"二月惊蛰又春分，种树施肥耕地深。"春分时节正是耕种的好时候。这时不同于惊蛰的乍暖还寒，春分时节的天气变暖了，春雨绵绵地下着，滋润着大地，草木新生，茸茸的绿色铺满

了田野。农家抓紧时间春耕、春种，播下了希望的种子，这也意味着农忙开始了。因为农家知道"春分麦起身，一刻值千金"。

春分也是祭祀的日子，帝王祭日、百姓祭祖、春社祭神。这样的活动从先秦开始，到明、清两朝的时候，就固定在春分这一天举行。北京的日坛（朝日坛）就是因为祭日而修建的，其建筑保留至今。今人还模仿清朝的祭祀礼仪，在日坛举行过隆重的仪式。

春分节气与其他节气一样，有着自己特色的饮食——春菜。春菜就是那些生长在野外的苋菜，绿绿的、细细的，长得不是很高。采回来以后先焯水，吃法多样，也可煮汤，谓之"春汤"，这样的习俗多出现在南方。在北京则有春分时节吃驴打滚、太阳糕的风俗，这也是老北京最为常见的小吃。

## 春分三候

初候，玄（xuán）鸟至。

二候，雷乃发声。

三候，始电。

春分日后，大雁从南方飞回到北方。下雨时，天空出现打雷声，并发出闪电。

## 农谚中的春分农事

"春雨贵如油"最适用于春季少雨的北方了。春分过后，气温迅速回升，小麦拔节，冬季作物进入了春季生长阶段。但是，北方此时气候的特点是：少雨、多风，甚至有沙尘暴，天气变化无常，时有"倒春寒"现象出现。因此，抵御春旱、防止春冻是北方农家最重要的农事活动。农谚中有："冬雪是被，春雪是鬼。""春分前后怕春霜，一见春霜麦苗伤。""冬雪宝，春雪草"等。可见，春分时节的下雪对小麦的伤害巨大，甚至是"春雪填满沟，小麦要减收。"

"春分雨多，有利春播。"南方地区在春分过后，气温回暖比北方早，农家就会忙着进行春季作物的播种。然而南方这个时期较易出现"前春暖，后春寒"的现象，低温阴雨带来的是秧苗腐烂、死亡，所以，农家期望天气也能配合农事，春播后能有个三五天的晴天，因为"冷头暖尾，下秧不愁"。降水过多，对北方农事活动极其不利，虽说有"春分麦起身，肥水要紧跟"这样的说法，但物极必反，农家在繁忙的春耕、春种、春灌之余，还要注意做好清沟沥水、排涝防渍工作。

## ∞ 春分到底分了啥？

春分是二十四节气当中两个最为公平的节气之一（另一个是秋分节气）。从时间上看，春分日居于春季九十天的中间，正好平分了春季。在《月令七十二候集解》中提到："二月中，分者半也，此当九十日之半，故谓之分"，多公平呀！不偏不倚！

春分的公平不仅体现在时间上，还体现在昼夜、寒暑上。农历书中记载"斗指壬为春分，约行周天，南北两半球昼夜均分（两极除外），又当春之半，故名为春分。"这一天太阳近乎直射赤道，白天和黑夜的时长相等。从这一天起，北半球白天越来越长，南半球白天越来越短，直到秋分节气时，昼夜时长才会再次等分。春分这一天，地球不会出现极昼、极夜现象。而在春分过后，我国大部分地区才真正是天气回暖，如农谚所说："不过春分不暖"。因此，春分也是寒暑的分界线。

欧阳修在《阮郎归·南园春半踏青时》中，对春分就有过一段精彩的描述："南园春半踏青时，风和闻马嘶，青梅如豆柳如眉，日长蝴蝶飞。"春天过半，南郊的园林呈现出一派欣欣向荣的春景，青青的梅子才长出豆粒大小的果实，嫩绿的柳叶也是细细的，如少女的眉毛般灵秀。日出一天比一天长，而日落却一天晚过一天。暖暖的春风拂面，蝴蝶也翩翩然为春天增色。春分带来的暖意才真正让大地回春，万物复苏。

## 村 居

（清）高鼎

草长莺飞二月天，

拂堤杨柳醉春烟。

儿童散学归来早，

忙趁东风放纸鸢（yuān）。

**名师点拨**

这首《村居》是清朝诗人高鼎晚年所作，那时他归隐田间，将自己在乡村亲眼所见的美好景象描绘了下来。

"草长莺飞二月天"正是仲春之月，大地彻底回暖了，小草不知什么时候悄悄探出头，那一抹新绿将田野染绿，春天盎然生机带给人们无限的欣喜。黄莺清脆的叫声赶走了沉闷冬日，万物被唤醒了，世界都变得热闹起来了。春色如此明媚，怎不让人笑逐颜开呢？

水泽、草木间蒸腾起的水气缭绕着，鼻息间的空气暖而湿润。二月的春风为杨柳裁出纤细的柳叶，长长的枝条仿佛也醉心于融融的春光中，轻抚着堤岸。春色如此撩人，怎不让人沉醉呢？

春分暖气升腾，微风和煦，正是放风筝的最好季节。孩子们放学归来，忙不迭地趁着东风放飞纸鸢。放风筝可不只是小孩子的游戏，自古以来，人们就有把自己的心愿、对新春的祈盼，写在风筝上放飞的习俗。风筝发源于我国，传说鲁班受鹞鹰启发而做出第一只风筝，所以风筝古称为"鸢"。

风筝盛行于唐朝，至今都是人们喜爱的一种活动。一线手中牵，风筝随风越飞越高，践行着人们飞翔的心愿。放风筝不仅使人心情愉悦，更益于健康。《燕京岁时记》中还进一步阐明放风筝对眼睛的好处："儿童放风筝之空中，最新清目。"因为眼睛要一直盯着风筝，远望的作用可以消除眼睛的疲劳，保护视力。同时，因为抬头仰望还可以缓解颈部的肌肉，对颈椎病也有一定的治疗作用。放风筝作为户外活动，运动量不大，不会让人感到疲劳。需要跑时不过缓缓地跑几步，然后就是伸伸胳膊，扯扯线，扭扭身子，走几步，舒缓的运动可以使人身心舒畅。

但放风筝也需要体力。风筝飞入云天之后，拉力特别大，要想用手中的线控制它，需要用上全身的力气。所以，有人说放风筝是一项全身运动，可以锻炼臂力及背部肌肉，活动膝、足关节。最重要的是春分时节桃红李白，绿肥红瘦，莺啼燕语，再郁闷的心情都会被荡涤一空的。

## 春分到，蛋儿俏

2005 年 9 月 14 日，来自澳大利亚的莱恩·斯波茨用 12 个小时，成功竖起了 439 个鸡蛋，超过原先纪录 18 个，成为新的吉尼斯世界纪录。2011 年 8 月，来自湖南的崔聚国创造一项新的吉尼斯世界纪录——一分钟内在针尖上竖起 3 个鸡蛋。看来不仅中国人喜欢竖鸡蛋的游戏，外国人也在玩。人们不仅把竖鸡蛋当作游戏，还创造了多个令人瞠目的世界纪录。

在我国传统文化中，"春分到，蛋儿俏"可不是一句简单的谚语，春分竖蛋已有四千年的历史了。古人认为春分时节最容易把鸡蛋竖起来，今人则从科学角度对这一说法做了解释。春分时，地球的自转轴是 66.5 度，与地球绕着太阳的轨道处于一种相对平衡的状态，更容易让蛋直立于桌面。再有，鸡蛋表面本不是光滑的，有许多肉眼难以看到的小凸起，而三个小凸起就构成一

个三角形。大家知道三角形是
最稳固的，所以只要让鸡蛋的
重心通过三角形，蛋就可成功
竖起来了。

其实，只要掌握了游戏的
小窍门，不是春分，也是可以
把鸡蛋竖起来的。尽量挑选一个刚生下来四五天的鸡蛋，然后大
头朝上，轻轻地放在桌上，保持平稳的呼吸，平心静气，注意力
集中，双手慢慢放松，蛋就可立在桌子上。

竖鸡蛋有一定的窍门，更有着科学的道理和深刻的哲学思
想。"春分者，阴阳相半也。"这其中饱含着平衡的思想。鸡蛋是
不规则的椭圆，它一头大，一头小，特别是生鸡蛋，要让它达到
平衡，人要心平气和，不急不躁，这样才能使双手尽量保持稳
定。凡做事欲速则不达，要有耐心，踏踏实实方可成事。

鸡蛋匀称流畅的曲线是难以竖起的原因，更是它的魅力。不
是有达·芬奇花两年时间，练习画鸡蛋的故事吗？最后才成就了
蒙娜丽莎完美的脸型，留下了传世名作。当今的设计师、建筑师
更倾心于鸡蛋的完美曲线，建造了国家大剧院这样的辉煌建筑。

经典谚语

1. 春分有雨是丰年。

按照九九歌中所唱"九九加一九，耕牛遍地走"，这时正值
春分，人们忙着春耕春种，庄稼有了雨水的灌溉滋润，才能获得
丰收。

2. 春分不冷清明冷。

春分时节天气温暖，清明就会比较冷。

3. 春分南风，先雨后旱。

春分刮南风，这一年可能先是雨水丰沛，过后会有旱灾。

谚语荟萃

- 春分无雨到清明。

- 春分阴雨天，春季雨不歇。

- 春分不暖，秋分不凉。

- 春分刮大风，刮到四月中。

- 春分秋分，昼夜平分。

# 清明

节气释义

　　清明是二十四节气中的第五个节气，于每年公历4月4日—6日交节。清明时节，"万物生长此时，皆清洁而明净"。在二十四个节气中，只有清明既是节气又是节日。虽然作为节日的清明在唐朝才形成，但作为时序标志的清明节气却早已被古人所认识，这在汉代时就已有了明确的记载。《历书》说："春分后十五日，斗指丁，为清明，时万物皆洁齐而清明，盖时当气清景明，万物皆显，因此得名。"清明既是远足踏青、催护新生的春季仪式，也是祭奠祖先、敦亲睦族的宗亲仪式，在我国的传统文化里，人们会在清明节这天祭奠亲人，追思故人，缅怀先烈，郊游踏青，拥抱春天。

　　清明时节，我国大部分地区已经进入了真正的春季，常言道："清明断雪，谷雨冻霜。"

此时桃花初绽，杨柳泛青，春风拂面，一派欣欣向荣的景象。南方和北方大不一样，北方干燥少雨，南方湿润多雨；对开始旺盛生长的作物和春播来说，此时的雨水显得尤为宝贵。大家知道吗？清明节又称扫坟节、鬼节、冥节，与七月十五中元节及十月十五下元节合称三冥节，都与祭祀鬼神有关。扫墓的活动是清明节中最重要的活动，踏春、插柳、植树、荡秋千、放风筝、春游也成了气清景明时节的好活动。中国人在饮食文化上是非常讲究的，清明时节，人们享受的美食也是很丰盛的。

## 清明三候

初候，桐始华。

二候，田鼠化为鴽（rú）。

三候，虹始见。

在清明之初，泡桐树开花了；喜阴的田鼠都不见了，回到了它们的洞中；雨后的天空可以看到美丽的彩虹，虹总是在新雨后出现，因为新雨后的天空是最为洁净的。

节气探源

### ❧ 气清洁明说农事

《月令七十二候集解》说："物至此时，皆以洁齐而清明矣。""满街杨柳绿丝烟，画出清明二月天""佳节清明桃李笑""雨足郊原草木柔"，这正是清明时节天地物候的生动写照。清明时节，天气逐渐转暖，大地复苏，小麦开始起身拔节，春播作物进入了非常关键的阶段。全国各地由南向北大面积的播种和大规模的植树造林全面展开。这个节气，阳光多见，春雨习习，种植树苗成活率高。因此，自古以来，我国就有清明植树的习惯，因而还有人把清明节也叫作"植树节。"1979年2月，全国人大常委会根据国务院的提议，正式通过了将每年的3月12日定为植树节的决议。

清明时节，黄淮以南的小麦已孕穗，油菜花到处盛开，东北和西北地区的冬小麦进入了拔节期，江南早中稻也进入了大批耕种的适宜季节。清明季节更应该多种果树，充足的水分可以满足果树的需要。此时，华南地区的早稻栽插扫尾，各地的玉米、高粱、棉花也抓住了这个有利时节开始耕种了。随着温度的逐渐回升，茶芽的萌动速度加快，采摘和准备采摘的工作也即将开始。这一时节的农事歌谣最为有趣：清明时节天转暖，柳絮纷飞花争艳。降水较前有增加，一般年份仍干旱。有的年份连阴雨，寒潮奇袭倒春寒。地温稳定十三度，抓紧时机播春棉。看天看地把种下，掌握有急又有缓。棉花播种锄梦花，提温保暖效果好。涝洼地里种高粱，不怕后期遭水淹。瓜菜分期来下种，水稻育秧抢时间。麦苗追浇紧划锄，查治病虫紧把关。继续造林把苗育，管好果树和桑园。栽种枣槐还不晚，果树治虫喂桑蚕。捕捞大虾好时机，昼夜不离打鱼船。家鼠田鼠一起灭，

保苗保粮疾病减。

##  &#x260A; 历史之源忆清明

  清明节作为我国的传统节日应该起源于周代，距今已有两千五百多年的历史了。早在大禹治水的时候，人们就用"清明"来庆贺水患已经除去，天下一片祥和安宁。说到清明，就不得不提到两个人，晋国公子重耳和随臣介子推。他们的故事开始于一次流亡。那次，重耳和介子推等随臣为了躲避迫害一路逃亡，最后重耳饿得站不起来，在这个危急存亡的时刻，介子推悄悄地割下自己大腿上的一块肉熬成肉汤给重耳喝，这才使得他保住了性命。后来重耳当上了国君，封赐了随臣们，却忘记了介子推，许多随臣为介子推鸣不平。重耳羞愧万分，亲自去山林中寻找介子推，但他到时，介子推已经靠着一棵柳树死去了。重耳在树洞发现了介子推的血书，上面写着"割肉奉君尽丹心，但愿主公常清明。"此后，重耳为了纪念介子推这个一生都在为主尽忠的忠臣，设立寒食节，并把清明设在寒食节的最后一天，这便是清明节的由来。

##  &#x260A; 景明春和看清明

  人们听说了介子推的事迹，十分怀念他，每逢介子推的祭日，老百姓都不生火做饭，只吃枣饼、麦糕等冷食。到了清明，人们把柳条圈戴在头上，把柳枝插在房前屋后，以表示怀念。清明原本是寒食节的最后一天，它们两个本是两个不同的节日，但因为日子相隔很近，到了唐朝，就把寒食与清明合二为一了。

  说到仪式，延续至今，经久不衰的一项就是扫墓了。以前人们把墓地清理干净，向坟头添一些新土，在上面放上祭品，上香祷祝，表示这家后继有人。现在的人们更多的是文明过清明，清扫墓地、擦墓碑、献上鲜花，以表示对亲人的追悼和哀思。

直至今日，人们仍旧以踏春、插柳、植树、荡秋千、放风筝、春游、蹴鞠的方式来过清明节。2006 年 5 月，经国务院批准，清明节被列入第一批国家级非物质文化遗产名录；2007 年 12 月 7 日，国务院第 198 次常务会议通过了《全国年节及纪念日放假办法》，其中规定"清明节放假 1 天（农历清明当日）"；2008 年，国家规定清明节为法定节假日。

也有资料显示，如今全世界的华人都过清明节。人离故乡越是遥远，思念怀旧的情感就越缠绵。只要有华人的地方，每年的清明节都会按照节日的习俗，在当地做祭祀活动，以表遥寄悼念之情。

## 清 明

（唐）杜牧

清明时节雨纷纷，路上行人欲断魂。

借问酒家何处有，牧童遥指杏花村。

**名师点拨**

杜牧的这首《清明》诗，早就已经成为家喻户晓的名篇，它不仅寓意鲜明，而且朗朗上口，便于传唱，故此小孩子们也常常把此诗作为歌谣嬉唱。

此诗所描写的是江南清明时节城街繁荣热闹的景象。"清明时节雨纷纷，路上行人欲断魂。"告诉了我们诗人所写这首诗所逢的时节是仲春，而仲春往往都是云淡风轻，令人面拂春风，格外舒适的，此时的江南正是莺莺燕燕争相歌舞的时节，万物复苏，生机盎然；人们春耕劳作，却也能感受到忙里偷闲的些许舒适；人们回归故里与亲朋团聚，买上高香、祭食前去祭祖扫墓，缅怀逝去的亲人。"雨纷纷"则描绘了这个时节江南天气春雨绵绵，蒙蒙密密。这时候不像早春那样未褪去冬意的寒冽，伴随着烟雾迷蒙、湿漉漉的春雨，带给人更多的是感受别样的清寒。

正因为是清明，路上的行人依然不减，祭扫的人行色匆匆，略显悲伤。而远途之人本应该与家人团聚，却背井离乡，不禁思乡念亲，心事重重，十分惆怅，正应了"路上行人欲断魂"；"借问酒家何处有"诗人顺势写出人之常情的一句，却并没有说问谁。"牧童遥指杏花村"极富情趣地回答了第三句诗的所问，而且幽默风趣地由稚气十足的牧童的肢体动作来形象说明。

古典名著《红楼梦》中有一处景致名为"杏帘在望"，曹雪芹大概深得杜牧这句诗的意境。诗中所说的"杏花村"，由诗意

可知，似乎可以理解为泛指，并不是特指这个村名或那个酒店名，而是就在那美若仙境的灿若焰火、繁花怒放的杏林深处，更有清明时节的气息。

## 清明节里趣闻多

在民间，清明节是个情感色彩浓郁且风趣的节日。在鸡蛋上染画是寒食节的一种趣味游戏。宋代的《邺中记》记载："寒食日，俗画鸡子以相饷。"就是在鸡蛋上染画颜色后，朋友间作为相互馈赠、食用的佳品。这个习俗一直在民间流传，而且后来逐渐发展成了一门成熟的民间传统工艺，在各种喜庆的场合成为馈赠佳品，颜色也慢慢演变到单一的、最能渲染喜庆之意的红色。直到现在，雕卵画蛋仍然是民间一种工艺品，人们从对"卵"的崇拜，发展到了喜爱红蛋并视之为吉祥之物。

斗鸡子更是一种互相比赛雕鸡蛋和画鸡蛋的技艺。南朝梁时，寒食节时民间就已经有斗鸡的活动了。到了隋代更为流行，近代则演绎为撞鸡蛋的游戏，也就是把煮熟的鸡蛋或鸭蛋放在一起互相碰撞，谁的鸡蛋没有碎，谁就是胜利者，可以去参加下一轮的比赛。知道了这个有趣的游戏，你有兴趣一起来玩一玩吗？

射柳是清明节中一种古老的游戏。据明朝人的记载，射柳就是将鸽子放在葫芦里，然后将葫芦高高地挂在柳树上，弯弓搭箭射中葫芦，鸽子飞出，以鸽子飞的高度来判定胜负。

你们知道吗？其实在古代，清明节也是"黄金周"。据说在隋唐之前，人们特别重视寒食，轻清明。到了唐玄宗时，就把清明节扫墓正式编入礼典，属于当时的"五礼"之一，由此清明节的地位因此得到提升，成为当年春天里的"小长假。"最重要的是，那时的清明节"小长假"不需要调休，将寒食、清明二节连

着放。期间也有几次变化，到了唐肃宗时，或许觉得小长假不够长吧，又增加了寒食清明节的假期天数，将唐玄宗于开元十七年定下的千秋节放假3天的规定减为放假一天，而将寒食清明假期由四天增加到七天——在中国节假日史上，清明节首次成了真正意义上的"黄金周。"

清明节是中国三大祭祀节日之一，是和祭祀天神、地神的节日相对而言的，主要是纪念祖先的节日，祭祖扫墓是主要的活动。人们都普遍习惯于在清明时节扫墓，尤其是海外游子更是赶在清明之前祭祖。认祖归宗，来看一看先人的坟墓是否塌陷，是否草木萌生，是否无人问津。在祭扫时，前来祭拜的人会擦净墓碑，添加新土，奉上供品，烧些纸钱。然后点香，磕头、作揖、说吉利话，给逝去的先人报平安，告知家中近些日子里发生的大事，现在人是如何妥善料理的。传承先人的美德，善待亲人，才是人们献给清明节中最温情的节日礼物！

1. 清明时节，麦长三节。

清明的时候，黄河中下游的小麦节间伸长数已达三节左右。

2. 清明前后，种瓜点豆。

清明时节，适于瓜豆等作物田间播种，以及移栽棉花和蔬菜。

3.清明要清，谷雨要雨。

人们往往在春季以天气晴、雨、风的变化，来预测当年的年景好坏，人们总结为：清明节气当天要是晴天最好，谷雨节气的当天要是下雨最好。真的像人们期盼的天气，说明当年是个大好丰收年。

谚语荟萃

- 麦怕清明霜，谷怕老来雨。

- 清明前后雨纷纷，麦子一定好收成。

- "寒食"莫欢喜，还有十天半月冷天气。

- 淋透扫墓人，耩（jiǎng）地不用问。

- 清明雨渐增，天天好刮风。

- 大麻种在清明前，叶大皮厚又耐旱。

# 谷雨

节气释义

　　谷雨是二十四节气中的第六个节气，也是春季的最后一个节气，每年公历 4 月 19 日—21 日交节。谷雨来自"雨生百谷"的说法，这个时节寒潮天气基本结束，气温回升加快，降水持续增加，为谷物带来勃勃生机，看来这个节气是播种移苗、种瓜点豆的最佳时节。

　　谷雨时节，意味着春天将尽，夏天将至，这个时候的南方地区一派"杨花落尽子规啼"的景象：柳絮飞落，杜鹃夜啼，牡丹吐蕊，樱桃红熟。此时气温升高较快，冷空气大举南侵的情况非

常少了，但影响北方的冷空气活动还很活跃，还会出现时冷时热的现象，可不管怎样，这个时期的气温毕竟要比 3 月份高得多。这个时候空气层不

稳定，气旋活跃，而土壤干燥、疏松，这就容易引发大风或沙尘天气。谷雨期间，我国还有相当一部分地区处于少雨的状态，比如海南岛、川西、广西西部、西北、华北等地区。一般年景，这里晴天多、日照强、蒸发快、空气干，所以，人们对雨水更加地渴望。谷雨时节，农田里越冬作物冬小麦、油菜等进入成熟期，非常需要雨水；春天刚刚播下的谷子、玉米、高粱、棉花、蔬菜等，也要有雨水才能根深苗壮，苗壮成长！如果此时下一场透透的雨，就相当于是在下"粮食雨"啊！农家想必要乐开花了吧！

## 谷雨三候

初候，萍始生。

二候，鸣鸠拂其羽。

三候，戴胜降于桑。

进入谷雨节气后，降雨量增多，浮萍开始生长，接着布谷鸟便开始提醒农家该播种了，桑树上开始见到戴胜鸟。

节气探源

### ∞ 雨生百谷

雨永远都是农民最关注的话题之一，而谷雨时节的雨跟农作物更是息息相关。这是因为到了谷雨时节，北方的小麦返青后开始拔节、孕穗、抽穗、开花、灌浆，直至6月渐次成熟。精力旺盛、生长蓬勃的小麦对水分的需求是巨大的。每生产 1 公斤小麦约需 1~1.2 公斤水，而眼下田中的秧苗初插、作物新种，是最需要雨水的滋润。这时候的雨水在农民眼中比啥都金贵，所以有"春雨贵如油"的说法。

可是，有时候就算再富有，也买不到"春雨"，没有春雨的滋润就会造成严重减产，这是无法补救的。在南方水稻产区，此时正是在水田里插秧的季节，如果没有水，农民们将无从着手。小麦、稻米都是谷物，古人很早就认为"雨生百谷"，只有雨水的滋养才会长出苗壮、饱满的谷物，所以，这一时期的雨水被称为"谷雨"，真是再贴切不过了。

谷雨时节为什么会有"春雨贵如油"的说法呢？这就要从我国的地理位置说起了。我国是东亚季风气候，雨热同期，降雨多集中在夏秋两季。事实上，在谷雨时节，我国大体上只有华南地区开始进入雨季。6 月，雨带转到长江中下游地区，此时的雨会下个没完没了，俗称"梅雨"；到了 7 月，华北才进入雨季，所以，民间有"清明谷雨雨常缺"的说法。尽管如此，比起立春、惊蛰、清明这几个节气，谷雨时节的雨水还是很快多起来了。多归多，但雨水多了不行、少了更不行，由于季风气候的一个特点就是降雨时空分布不均，所以，降雨"贫富不均"的问题一直都让人头疼。

## ❦ 谷雨的茶

谷雨时节的茶叫"雨前茶"，它和"明前茶"一样是茶中的珍品。清明茶细嫩品质好，但两三泡之后，味就变淡了。而雨前茶，泡起来的绿茶舒身展体，鲜活得如枝头再生，染得春光盈眼，且茶香浓郁浑厚，久泡仍余味悠长。啜一口，顿觉缕缕清香溢出，尘世间的浮躁和功名利禄皆散去。

雨前茶也叫谷雨茶，或二春茶，是谷雨时节采制的春茶。暮春时节温度适中，雨量充沛，加上茶树经冬季的休养生息，使得春梢芽叶肥硕，色泽翠绿，叶质柔软，富含多种维生素和氨基酸，使春茶滋味鲜活，香气怡人。谷雨茶除了嫩芽外，还有一芽一嫩叶的或一芽两

嫩叶的。其中，一芽一嫩叶的茶叶泡在水里像展开旌旗的古代的枪，被称为旗枪；而一芽两嫩叶则像一个雀类的舌头，被称为雀舌，雨前茶与清明茶同为一年之中的佳品。一场春末的雨后，茶树上落满水珠，微风过处，听不到平日里的喧嚣，有的只是清爽空气中的一缕茶香，回味隽永。这也许就是雨前茶的妙处。所以，爱茶懂茶之人常把谷雨前采摘的茶珍藏起来。中国茶叶学会等有关部门倡议将每年农历"谷雨"这一天作为"全民饮茶日"，并举行各种和茶有关的活动。

四时诗韵

## 黄鹤楼送孟浩然之广陵

（唐）李白

故人西辞黄鹤楼，烟花三月下扬州。

孤帆远影碧空尽，唯见长江天际流。

**名师点拨**

　　"故人西辞黄鹤楼，烟花三月下扬州。"前两句旨在点题，引出了相互惜别的人物、地点、时令和友人要前往的目的地。而"三月"正是暮春时节的谷雨节气前后，"烟花"指的是暮春时节的浓艳景色。此时的扬州城气候宜人，百花争艳，美不胜收。"孤帆远影碧空尽，唯见长江天际流"，是从诗人的眼光和角度写孟浩然乘船在江中顺流而下，李白伫立楼前以目相送，船越行越远，船上的白帆逐渐消逝在蓝天尽头，遥远的水天相接处，最后只能看见长江仿佛是流向天边。这两句诗意蕴深远，李白久久伫立江边目送友人远去，足见友谊之深长和心情之惆怅了，可谓"不着一字，尽得风流"。

　　这是一首送别诗。作者将叙事抒情和写景抒情相结合，表达了作者对于远行友人非常真挚的不舍之情，然而在诗句中却找不到"友情""不舍"这些字眼。诗人巧妙地将依依惜别的深情，寄托在对自然景物的动态描写之中，孤帆远去、江流天际，而诗人目送神驰、依依不舍的神态，仿佛出现在读者的眼前，以景抒情，使读者产生强烈的共鸣。正所谓"不见帆影，惟见长江；怅别之情，尽在言外"。李白的这首诗，景物描写大气磅礴，意境开阔；满怀依依不舍的送别之情，却含蓄深远。诗意飞动，自然流走，这是最典型的李白诗词的风格。

## 谷雨三朝赏牡丹

"绝代只西子，众芳惟牡丹"。自古以来，人们对牡丹花就有特别的感情，被她的雍容华贵所倾倒。当牡丹花盛开时，那粉色的花朵有小碗般大小，一朵花的直径达到了十几厘米，层层叠叠的花瓣簇拥在一起。它积蓄了一秋、一冬的精气，经历了一春的努力，如今，它要轰轰烈烈地迸发出来！看呢，花朵纵情怒放，如排山倒海，惊天动地，那么恣意、宏伟，那么壮丽、浩荡。它一开便倾其所有，开个倾国倾城。

在牡丹花民谚中，有着一个凄婉的传说：传说在唐代高宗年间，有位叫谷雨的年轻人，水性很好，有一次他的家乡曹州发大水，他凭借着这个本领救出了村民，还冒着生命危险救出了一颗牡丹花，并拜托一位花匠师傅好好地栽养。几年后，谷雨的母亲得了重病，谷雨一边要照顾母亲，一边要做事，很是辛苦，这时有位美丽的女子出现在他的家里，并每天都来照看他的母亲，谷雨与这位女子日久生情，就在谷雨想提出与这位姑娘成亲的时候，却得知这位美丽的姑娘是位牡丹仙子，而正是几年前他救起来的那棵牡丹。牡丹仙女约定"待到明年四月八，奴到谷门去安家。"后来，牡丹花仙的仇人秃鹰得了重病，逼迫牡丹姐妹为其酿造花蕊丹酒医病。牡丹姐妹不愿取自己身上的血，酿下丹酒供恶贼饮用，却被秃鹰抓走关押。谷雨历尽艰险，在自己生日那天，终于闯入魔洞战胜秃鹰，救出了众花仙。当大家准备回家时，尚未咽气的秃鹰一支暗箭刺中了谷雨。牡丹仙子恼怒万分，拿起谷雨的板斧，将垂死挣扎的秃鹰砍成了肉泥！回转身来，抱起谷雨的尸体，泣不成声。谷雨以自己的性命救了这些花朵们的生命。从此，在谷雨死的那一天，天空就会下起雨，所有的牡丹都会开放，以此来纪念谷雨。

**经典谚语**

1. 谷雨前后，种瓜点豆。

谷雨节气到来后，雨水多了起来，一场春雨一场暖，天气也一日比一日暖和，正是春播的好时机。

2. 清明要晴，谷雨要淋。谷雨无雨，后来哭雨。

人们认为谷雨不下雨，当年就要干旱，就不会风调雨顺，庄稼长不好，也没有好收成。可见雨在暮春时节对农作物的重要性。

3. 雨前香椿嫩如丝。

北方有谷雨食香椿的习俗。谷雨前后是香椿上市的时节，这时的香椿醇香爽口，营养价值高。

**谚语荟萃**

- 吃好茶，雨前嫩尖采谷芽。
- 清明早，小满迟，谷雨立夏正相宜。

- 谷雨天，忙种烟。

- 谷雨前，好种棉。

- 棉花种在谷雨前，开得利索苗儿全。

- 谷雨打苞，立夏龇牙；小满半截仁，芒种见麦芒。

- 谷雨不种花，心头像蟹爬。

- 谷雨下雨，四十五日无干土。

夏

# 立夏

节气释义

立夏是二十四节气中的第七个节气，也是夏季的第一个节气，在每年公历的 5 月 5 日或 6 日交节。立夏，顾名思义，就是夏天的开始，它标志着季节的转换，送走了春季，迎来了夏季。立夏时节，自然界披上了绿色的外衣，植物茂盛，农作物由于受到雨水的滋润，进入到生长的旺季。立夏后，气温逐渐升高，雷雨天气也会增多。如果说春天的大自然刚刚复苏，那么夏天的大自然就充满了生机。

立夏时节，我国南北方的气温差异较大，即便同一地区的波动也是很频繁的。华南地区气温为 20℃左右，而低海拔河谷则早在 4 月中旬初即感夏热，立夏时气温已达 24℃以上。故此时也是农作物病虫害的多发期和人们易于感冒的时期。江南正式进入雨季，雨量和雨日均明显增多，连绵的阴雨不仅导致作物的湿害，还会引起多种病害的流行。华北、西北等地气温回升很快，但降水不多，加上春季多风，蒸发强烈，大气干燥和土壤干旱常严重影响农作物的正常生长。在这一时节，如果你留心观察，雨后就会听到蝼蛄和青蛙的鸣叫，看到蚯蚓的小身影，王瓜（也叫土瓜）成熟，人们可以进行采摘。

## 立夏三候

初候，蝼（lóu）蝈（guō）鸣。

二候，蚯蚓出。

三候，王瓜生。

进入立夏节气，先可听到蝼蛄和青蛙在田间的鸣叫声，接着便可看到蚯蚓掘土，然后是王瓜的蔓藤开始快速攀爬生长。

节气探源

### ❀ 立夏时节农民插秧忙

我国自古以来非常重视立夏节气。农谚道："农时节令到立夏，查补齐全把苗挖。"那么，立夏节气到了，农民具体都忙些什么呢？

立夏节气的到来，对于农业农耕来说到了十分重要阶段。"多插立夏秧，谷子收满仓"，立夏前后正是早稻插秧的农忙期，农民都在田间地头忙着干活。每逢这个时节，农民都不免有些担忧，一怕下雨绵绵，油菜籽、夏粮腐烂在地里收不回来；二怕天不下雨，秧苗栽不活，稻秧栽不上，等到秋天就没有收获了。

立夏时节，万物繁茂。古有言："孟夏之日，天地始交，万物并秀。"这时，夏收作物进入生长后期，年景基本定局，故农谚有"立夏看夏"之说。

立夏时节里，对于全国来说，降水过多或过少，都会影响农作物的生长，因此，水稻栽插及其他春播作物的管理进入大忙时节。

### ∽ 立夏就是夏天了吗？

立夏标志着夏季的开始，耳熟能详的诗句"小荷才露尖尖角，早有蜻蜓立上头。"描述了立夏时节的别致景象。立夏虽然不如7月酷暑般炎热，但是早已告别暮春的凉爽微风。那么，立夏就是夏天了吗？立夏天气会热吗？

立夏是夏季的第一个节气，表示孟夏时节的正式开始，此时，太阳到达黄经45度。斗指东南，维为立夏，万物至此皆长大，故名立夏也。立夏在天文学上表示告别暮春，迎来盛夏的开始。

我们习惯上将立夏作为夏天的开始，而气象学上的夏季则要推迟到立夏后25天左右，因为古人把农历四、五、六月算作"夏天"，今人把公历6、7、8三个月当作"夏天"。而科学的划分方法是平均温度22℃以上为夏天，当平均温度持续低于22℃时，即为夏天的结束。

立夏时节，全国大部分地区平均气温在18～20℃上下，正是"百般红紫斗芳菲"的仲春和暮春季节。但我国幅员辽阔，人们在南北方感受到的却并不相同。如果你在立夏时身处北方，你会感觉很凉爽，但如果你此时正处于南方，就会稍感炎热些。

## ๑ 立夏民俗欢乐多

天子举行典礼迎夏，而民间在立夏时节又会做些什么呢？

虽然不同地区在立夏这天吃立夏饭各不相同，但多数人都少不了吃"立夏蛋"。"立夏蛋"的做法是将蛋放进茶叶水里在火上煮，蛋壳逐渐变红，散发出香气。立夏时节吃鸡蛋，是中医比较推崇的，中医认为鸡蛋性平、补气虚，有安神养心的功效，还可以提高免疫力，避免病灾的侵害。在古时候，百姓生活条件不太好，鸡蛋很难吃到，到了立夏这天吃个"立夏蛋"，既是对自己辛苦劳作的奖赏，也是对新年丰收的美好期盼。

除了吃"立夏蛋"，"拄立夏蛋"（也称斗蛋）则是孩子们最喜爱的游戏了。斗蛋的规则很简单：蛋分两端，尖者为头，圆者为尾，斗蛋时蛋头碰蛋头，蛋尾碰蛋尾，谁的蛋壳完整无损，谁就取得了游戏的胜利。

立夏时节的鸡蛋，不仅可以吃、可以玩，还可以祈求平安呢！大人们会挑选一些好看的蛋，用彩绳编织起来挂在孩子的胸前，用来祈求平安。立夏挂蛋还有个传说：

相传立夏开始，天气逐渐炎热起来，许多孩子甚至是成人都会感到身体疲乏、困倦、四肢无力，于是，人们向上天祈求平安。女娲娘娘听说后，告知人们在每年立夏之时，在孩子胸前挂一个煮熟的鸡蛋，便可以免除病灾。

人们听后纷纷照做，果然很有作用。

## 立　夏

（宋）陆游

赤帜插城扉，东君整驾归。

泥新巢燕闹，花尽蜜蜂稀。

槐柳阴初密，帘栊（lóng）暑尚微。

日斜汤沐罢，熟练试单衣。

### 名师点拨

　　陆游是一位爱国诗人，他非常热爱生活，所以，他创作了不少描写自然景色的诗。《立夏》这首诗就是一首描写初夏时分的诗，写出了夏天之美，展现了诗人对夏天之爱。夏天的赤帝来了，春天的青帝走了。燕子筑巢，热闹不已；花朵渐渐凋零，蜜蜂也不见了踪影。槐树柳树，渐渐浓密；窗栊之内，暑热轻微。到了傍晚，洗澡以后，熟练地拿起一件单衣试试，看是否合身。

　　这首诗意境清新，构思巧妙，写出了初夏时节生机勃勃、万物生长的景象。

　　首句"赤帜插城扉，东君整驾归。"写出了天子迎夏的盛况。迎夏的队伍一律穿朱色的礼服，佩戴朱色的玉饰，乘着赤色的马。皇帝这一天也穿朱色服装，车子也是红色的，看到这样一群朱色人马，使人感觉到暖热将至，炎热的夏天就要开始了。"泥新巢燕闹，花尽蜜蜂稀。槐柳阴初密，帘栊暑尚微。"写出了新

巢燕子忙哺幼，花尽蜂稀立夏到的景色。"日斜汤沐罢，熟练试单衣。"在这初夏的傍晚时分，诗人放松身心，洗洗澡，只着一件单衣。春去夏来，诗人十分善于观察，展现出一幅精美的立夏图画。陆游不愧为名家，他把立夏节气的风土人情描写得绘声绘色。然而从诗中，我们也或多或少地能感到陆游流露的淡淡忧伤，或许是伤春吧。四季更迭是大自然的规律，刚刚还是"百般红紫斗芳菲"的晚春，一转眼便到了"绿阴幽草胜花时"的初夏，既然不能留住逝去的芳华，就让我们好好珍惜眼前的美景吧。

## 南北方差异多，立夏饭不相同

立夏这天，家家户户都要吃立夏饭。由于饮食习惯的差异，南方、北方的立夏饭也各不相同。常见的立夏饭是由黄豆、黑豆、红豆、绿豆、青豆等五色豆拌和白米煮制而成。

南方立夏节的餐桌上，"三新"最为引人注目。所谓"三新"，一般是指樱桃、青梅、鲥鱼。"三新"也有指竹笋、樱桃、梅子，或是樱桃、青梅、麦仁，或是竹笋、樱桃、蚕豆。总之，在立夏时节，这些果品食物都是因为当年初次上市，所以称"新"。如今，樱桃走进寻常百姓家，而鲥鱼等几乎绝迹。因此，南京新版"三新"食谱大可发挥各人想象，挑选时令新鲜的食物搭配，如蚕豆、苋菜、笋、豌豆、螺蛳、鲳鱼……

江南还有个习俗，那就是立夏称人。立夏这天，在农村的村口会摆放一个大木秤，并在秤钩上悬挂一把椅子，人们轮流坐在椅子上称重。在称人时，专门有一个人讲吉祥话、打秤花，这个人就叫"司秤人"（类似现在的司仪）。称老人时，司称人要说："秤花八十七，活到九十一。"称姑娘时说："一百零五斤，员外人家找上门。勿肯勿肯偏勿肯，状元公子有缘分。"称小孩时说："秤花一打二十三，小官人长大会出山。"午饭后，男男女女、老老少少都要过秤，称一下有多重。特别是小孩，称后到处奔走相告，自己重多少，比去年重了多少斤，就像过节一样高兴。立夏为啥要称人呢？这里有个传说：相传三国时候，刘备南征北战，孩子带在军中不方便，就觉得不如把阿斗交与后娶的孙夫人抚养。孙夫人怕养不好阿斗，不仅在夫君面前不好交代，在百姓中也怕留下笑柄。于是，她仔细想了想，还真是想出来一个好办法：今天正是立夏，在子龙面前用秤把小阿斗称一称，到明年立夏时再称一下，就知道孩子养得好不好了。从此，孙夫人每到立夏节，都会把小阿斗称一称，向刘备报喜讯。因而在江南一带，就形成了立夏节称人的风俗。

与南方立夏习俗相比，北方立夏时节，在饮食的品种和规模上，都无法与南方相匹敌。北方立夏时节的天气相比南方来说显得稍冷，新鲜果品蔬菜未能尽数上市。如，立夏日的北京，人们会将平时暴晒晾干的米粉春芽与糖、面拌和到一块，用油煎制出各式果叠，各家各户相互馈赠，互尝对方的手艺。至于京师富家大户及一些官宦世家的立夏饮食，当然不会如此简陋，而是十分豪华。据说，最流行的是立夏节品尝"冰果"。所谓"冰果"，就是将鲜核桃、鲜藕、鲜菱、鲜莲子之类的应季果品洗净后，加入一些细小均匀的冰块，冰浸鲜果，果化冰水，果更鲜艳，冰愈晶莹。

经典谚语

1. 立夏前后，种瓜点豆。

立夏节气前后，农家就要开始种植瓜类、豆类等农作物了。

2. 立夏雷，六月旱。

如果立夏当天打雷下雨，六月干旱的概率就很大。

3. 立夏汗湿身，当日大雨淋。

立夏时节，气温较高，加上下雨前的空气湿度较大，致使人体大量出汗，意味着这一天要下大雨。

谚语荟萃

- 立夏东风麦面多。
- 立夏日鸣雷，早稻害虫多。
- 立夏麦咧嘴，不能缺了水。
- 立夏蚯蚓出，麦子麦芒生。
- 立夏不热，五谷不结。

# 小满

节气释义

　　小满是农历二十四节气中的第八个节气，在每年公历 5 月 20 日—22 日交节。小满时节正值小麦灌浆时期，麦粒看起来好像饱满了，其实这还只是灌了个半饱，并未成熟，所以称"小满"。小满时节，夜莺轻啼，雨打芭蕉，梅黄杏肥。从气候特征上来看，在小满时节，我国大部地区都相继进入到夏季，南北方的温差进一步缩小，降水则会进一步增多，较易出现暴雨、雷雨大风、冰雹等极端天气。因此，到了小满节气后期，往往是一些地区防汛的紧张阶段。

　　小满期间，北方地区的麦子即将成熟，黄河流域的小麦也面临收割。不过进入小满节气后，小麦进入乳熟后期，最害怕高温干旱天气。农谚有："麦怕四月风，风后一场空""小满不满，麦有一险"等。若在此时出现30℃以上的日平均气温和低于30%的空气相对湿度，并伴有每秒3米以上风速的"干热风"，就会给小麦造成严重影响。因此，对麦田管理应采取有针对性的措施，加强"干热风"灾害的预防，减轻"干热风"对小麦的危害。此时，农事活动即将进入大忙季节，夏收作物已经成熟，或接近成熟；春播作物生长旺盛；秋收作物播种在即。如果出现降雨，农民会抓住雨后的有利时机，及时查苗、补种，力争苗全、苗壮。同时，还要注意防御大风和强降温天气对春播作物幼苗造成的危害。

## 小满三候

初候，苦菜秀。

二候，靡草死。

三候，麦秋至。

小满节气里，苦菜已经枝繁叶茂；靡草是一种喜阴的植物，这些枝条细软的草类，在强烈的阳光照射下开始枯死；麦秋的"秋"字，指的是百谷成熟之时，因此，虽然时间还是夏季，但对于麦子来说，却到了成熟的"秋"，所以叫作麦秋至，此时麦子开始成熟。

### ∞ 小满举行"抢水"仪式

小满时节的"抢水"习俗，是农民真实生活的写照。农作物生长离不开水，这在我国南北方都一样。除非是天然条件所限，没有灌溉的条件，农家不得已才只能靠天吃饭。而只要在江河、

湖泊等有水的地方，农家一定会充分利用水源，为农作物的生长创造条件。夏季气温升高，日晒时间长，水分消耗大，又是大多数农作物生长的关键时期，所以，灌溉的重要性明显超过其他季节。因此，古时用水车排灌是农村的大事，在农村要举行"抢水"仪式。

农谚有："小满动三车"之说。所谓"三车"即水车、纺车、油车。在农谚中，百姓以"满"指代雨水的丰沛程度。如果田里不蓄满水，就会造成田地干裂，无法插秧，影响农作物的收成。因此，遇到天旱的年份，人们会早考虑、巧安排，以人力或畜力带动水车灌溉水田。过去行走在偏僻的江南古镇水田边，时常会见到水牛被蒙住双眼，转动水车的木车盘，带动龙骨水车提水，或人力双脚交替踏车提水的情景。水车一般于小满节气时启动，在水车启动前，农户一般会以村落为单位进行"抢水"仪式。举行仪式那天，人们在黎明时就会走出家门，燃起火把，坐在水车车基上吃麦糕、麦饼、麦团。等到执事者敲响锣鼓后，人们就击器相和，踏上事先在小河上装好的水车，数十辆水车一齐踏动，将河水引入田中，直到将河水引完为止。

## ☙ 小满祭蚕神

据清代苏州人顾禄的《清嘉录》记载："小满乍来，蚕妇煮茧，治车缫丝，昼夜操作。"可见在古时，小满节气时正赶上新丝即将上市，丝市转旺在即，蚕农丝商无不满怀期望，等待着收获的日子快快到来。中国是最早发明种桑饲蚕的国家，蚕桑占有重要地位，无论是古代统治阶级还是普通的民众，都对蚕神有着很高的敬意。蚕丝需靠养蚕结茧抽丝而得，所以，我国南方农村养蚕极为兴盛，尤其是在江浙一带尤甚。

　　但是，蚕很娇贵，很难养活，温度、湿度、桑叶的冷、热、干、湿等均会影响蚕的生长。由于蚕难养，古时就把蚕视作"天物"。为了祈求天物的宽恕和养蚕有个好的收成，人们通常在农历四月放蚕时节举行祈蚕节，祭祀蚕神。祭蚕没有固定的日期，各家在哪一天"放蚕"，便在哪一天举行，但前后差不了两三天。南方许多地方建有"蚕娘庙""蚕神庙"，养蚕人家在祈蚕节时均会到蚕娘、蚕神庙前跪拜，供上酒、水果、丰盛的菜肴，以表达人们对蚕神的敬意。

## 🪢 小满时节多吃"苦"

　　"春风吹，苦菜长，荒滩野地是粮仓。"小满时节，麦类、谷类等农作物籽粒开始饱满，但还未成熟，恰好是青黄不接的时候，此时，田间地头的野菜正蓬勃生长，采食野菜度过饥荒，自然是顺理成章之事。因此在古时候，很多百姓不得不用苦菜来充饥，如今小满时节吃苦菜，却是吃苦尝鲜。这一习俗便流传了下来。

　　关于苦菜还有个神话传说。很久以前，因常年天旱，青黄不接，农民们一年到头都收不到多少粮食。然而，官府却依然变着花样向农民索取粮食。为此，玉皇大帝派了一个叫布谷的大臣，下到凡间体察民情。布谷来到凡间后，见百姓饥寒交迫，便取了水罐，又顺手抓了一把菜籽，一边不断发出"布谷"的声音，一边把水和菜籽抛向大地。半个时辰后，地上长出了绿茵茵的菜。人们看到遍地是菜，就挑拣起来吃下，虽感到有点苦味，但却清新爽口，充饥解渴。玉皇大帝得知后，念及布谷救民有功，就让它永远留在人间，每到播种时，让它来预报天会否下雨，这就是今天的布谷鸟，又叫水罐罐。玉皇大帝又给布谷种的菜起了个名字叫"天救菜"。

在长征途中，红军战士们经常以苦菜充饥，渡过了一个个难关，苦菜被誉为"红军菜""长征菜"。如今，苦菜也成了我们餐桌上的一道菜，它营养丰富，含有人体所需要的多种维生素，而且富含矿物质、胆碱、糖类和甘露醇等，具有清热、凉血和解毒的功能。看来小满时节多吃"苦"，还是很有好处的。

## 小　满

（宋）欧阳修

夜莺啼绿柳，皓月醒长空。

最爱垄头麦，迎风笑落红。

### 名师点拨

我们所熟知的诗人欧阳修，不仅在文学方面负有盛名，在农学方面也很有成就。他曾遍访民间，将洛阳牡丹的栽培历史、种植技术、品种、花期以及赏花习俗等作了详尽的考察和总结，撰写了《洛阳牡丹记》一书。《小满》这首诗是描写小满节气时的风景诗，表现出诗人看到田间麦子摆动时的喜悦之情。初夏的夜晚杨柳依依，偶尔传来夜莺动听的歌声。一轮明月高高挂在天上，皎洁的月光照亮夜空。最爱那田垄前的麦子，哪怕对着一地飘落的花瓣，仍然迎风微笑。

最后一句"迎风笑落红"的"笑"字运用拟人手法，赋予麦子以人的情态，形象生动地写出小满时节百花渐落，麦子苗壮成长的景象，以及未成熟但已灌浆饱满的麦子于风中微摆的娇憨可爱之态。这首诗清新质朴，通俗易懂。内容是单纯的、美好的，形象地表达出了作者内心的喜悦之情，鲜明地勾勒出了一幅生动形象的初夏美景图。

## 人生得意如"小满"

"满招损，谦受益"，人生凡事都不能满，满则招损；但是，人生又不能不满，不满便是一种遗憾。那该如何呢？不能大满，我们可以"小满"。

小满让自然界沉醉在初夏的美好之中，暖和却不热，树叶很繁茂，但仍有嫩绿之意。小满，是一年中最佳的季节；小满，也是人生最佳的状态。满，但不是太满；盛，但不是极盛。季节不可能停留在小满，它必将走进酷热的夏季，走进叶落霜飞的深秋，再走进寒冷的严冬。但人生的状态，可以尽力保持在"小满"的状态，这样，你会一直有富足感、幸福感，仍有发展的余地，不至于"满招损"。

如果不是小满的状态，那无非是不满或大满。若不满，就是心中觉得少了。出现不满，原因有二：一是真的很少，二是因为欲望太大，再多都满足不了你。小满则不同，即使东西很少，我会把框子做小一点，这样装着就形成一个小满的格局，接着我继续往里面填东西，快满了我会换大框子，继续保持小满状态。大满，其实就是自满。自己以为自己满了，就没有进步的空间了，而且，"满招损""月满则亏"，大满了以后就得走下坡路了，俗话说"骄傲使人落后"，但其实是"自满使人落后"，我们可以为某事而骄傲，但不应为某事而自满。

《菜根谭》道："花看半开，酒饮微醉。此中大有佳趣。若至烂漫酕醄，便成恶境矣。履盈满者，宜思之"。"花要半开，酒要半醉"，鲜花盛开得娇艳的时候，也是它衰败的开始。世界上一切事物都遵循这样的规律：事物只要尚未达到至善的境界，就会不断地向前发展；而一旦达到最高的境地，就会趋于衰落。这就是物极必反的道理。俗话说："好花不常开，好景不常在"。人生在世，不可能永远一帆风顺。因此，明智的人在功成名就之时欲继续自强，定会选择转向。正所谓"水满则溢，月盈则亏"，这是自然之道，更是至真的人生哲理。

1. 小满大满江河满。

通常情况下，如果北方冷空气与南方暖湿气流汇聚的话，就很容易在华南一带造成暴雨或特大暴雨。因此，到了小满节气的后期，往往是一些地区防汛的紧张阶段。

2. 小满不满，芒种不管。

如果小满节气里雨水偏少，则意味着芒种节气雨水也将偏少，或梅雨推迟。

3. 小满见三新：樱桃、黄瓜、大麦仁。

小满时节，正是樱桃、黄瓜、大麦成熟的时期。

谚语荟萃

● 小满十日满地黄。

● 小满麦渐黄，夏至稻花香。

● 麦到小满日夜黄。

● 小满三日望麦黄。

# 芒种

节气释义

　　芒种是二十四节气中的第九个节气，在每年公历的 6 月 5 日前后交节。"芒"指的是麦子、水稻等有芒的植物。麦子成熟后，麦穗上的小刺就是芒，我们可以通过古人留下的"针尖对麦芒"，更形象地了解"芒"的形态。而"种"指的是谷黍类夏播作物开始播种了。谚语"芒种忙两头，忙收又忙种"，意思是到了芒种时节，有芒的麦子快收，有芒的稻子可种。道出芒种是与农业生产关系最为密切的一个节气。此时的田间地头一片繁忙景象，农家日出而作，日落而息，炎炎烈日让他们挥汗如雨。正如白居易《观刈麦》所写"足蒸暑土气，背灼炎天光。力尽不知热，但惜夏日长。"芒种对于农家来说就是一个浸满汗水的繁忙季节，也是一个收获喜悦的快乐节日，更是充满希望的播种时节。芒种时节虽然辛苦，但农家看到风吹麦浪泛起的涟漪，以及夏播作物的青青秧苗，怎能不希望夏日更长一些呢？

"四月芒种麦在前，五月芒种麦在后。"是说四月芒种麦子就成熟了，五月芒种麦子还未成熟。这是怎么回事，芒种交节不是在6月吗？这里的四月和五月指的是农历月份。因为农历计算的一年时间是354天或355天，比地球绕太阳一周少了10～11天。为了补齐所短的时间，就会两年或三年出现闰月的现象，因此芒种节气有时提前，有时错后。农家会根据每年的实际情况灵活安排农事，节气是死规定，但他们绝不墨守成规，这就是农家的智慧。

---

## 芒种三候

初候，螳螂生。

二候，鵙（jú）始鸣。

三候，反舌无声。

---

螳螂在去年深秋产的卵，因感受到阴气初生而破壳生出小螳螂；喜阴的伯劳鸟开始在枝头出现，并且感阴而鸣；与此相反，能够学习其他鸟鸣叫的反舌鸟，却因感应到了阴气的出现，而停止了鸣叫。

## 节气探源

### ❧ "忙"种

芒种是人们常说的"三夏"大忙季节，这时成熟的小麦、蔬菜要收获，夏播秋收的稻子要插秧，春天种的作物还要精心管理，农家忙于夏收、夏种和夏管，所以此时是真的"忙种"。

农家的忙还因为天气。芒种时节气温显著升高，无论是南方还是北方，都出现了 35℃以上的高温，天气也变得越发调皮，时而艳阳高照，时而狂风暴雨，甚至还加有冰雹。而天气对小麦的产量极具影响，因为小麦的成熟期很短，收获时间性较强。芒种时，全国多地进入雨季，若阴雨连绵，小麦就不能按时令收割，会出现倒伏现象，大幅度减产。即便收割了，不及时脱粒、储藏，也会导致落粒、发霉，农家辛苦耕种换来的收获就会毁于旦夕。所以"收麦如救火，龙口把粮夺"，农家会顺应天时抢割、抢收、抢晒、抢运。小麦收割后，还要及时播种。有农业专家通过大量的实验和生产实际发现，夏季播种的作物产量会随着栽种时间的推迟而明显降低，甚至会因生长期不足而无法成熟。"芒种栽薯重十斤，夏至栽薯光根根"就是这个道理。

诗云："田家少闲月，五月人倍忙。"农家是"春争日，夏争时"。我国从北到南都在"忙种"，甘肃、宁夏就留下了"芒种忙忙种，夏至谷怀胎"的农谚，山西有"芒种芒种，样样都种"，江苏有"芒种插得是个宝，夏至插得是根草"，江西有"芒种前三日秧不得，芒种后三日秧不出"，到了福建就是"芒种边，好种籼（xiān），芒种过，好种糯（nuò）"，到了贵州是"芒种不种，再种无用"，到了广西有"芒种夏至，芒果落蒂"。

生活在城市里的人们很难感受芒种时节的忙碌，但若是到了田野间，翻滚的麦浪，碧绿的秧苗，劳作的农家则自然地绘制了一幅忙种图。

## ✎ 中国气派的端午节

农历五月有农家最繁忙的芒种时节，也有热闹盛大的端午节。2006 年 5 月 20 日，端午节被列入第一批国家级非物质文化遗产名录。2007 年 12 月 14 日《国务院关于修改〈全国年节及纪念日放假办法〉的决定》把端午节定为法定节日。2009 年 9 月 30 日，端午节入选联合国教科文组织人类非物质文化遗产代表作名录。

说到这里，忍不住要提及 2004 年韩国江陵端午祭申遗，并获得成功的事件。大多数国人认为这伤害了我们的民族自尊心，因为在绵延几千年的中国历史文化中，端午节早在夏商周就已出现，在魏晋南北朝时确立下来，隋唐宋元繁盛开来，明清时期全

国普及。这样一个在我国有着悠久历史、文化渊源的节日内容，却被韩国首先申遗成功。但这也为我们敲响了一记警钟，在西方节日的强烈冲击下，我们应该如何保护传承我们的民族文化？

当今，端午节包粽子、挂艾草、戴香包、喝雄黄酒、赛龙舟的风俗被保留下来，而且深入人心。想想端午节不吃个粽子，是不是感觉没有过节呢？也许正因为这种饮食文化烙印太深，反而使人们对端午节的精神文化理解较浅。我们从端午节的起源来看，有说纪念伍子胥，有说纪念曹娥，也有说吴越民族祭祀龙图腾，其中流传最广的是屈原说。崇高伟大的爱国诗人屈原听说楚国被秦所灭，悲痛欲绝，农历五月初五投汨（mì）罗江而死。百姓为不让鱼虾吃掉屈原的尸体，包粽子投入江中。这其中饱含了中国人对爱国主义精神的推崇，对求真、向善、爱美的向往，希望屈原的伟大人格融入我们的生活理念之中。

端午节赛龙舟是一个集体竞技比赛。在活动的过程中，人们在整齐划一的龙船调子的带动下，全身心地投入到比赛的热烈气氛中。大家齐心协力、奋勇拼搏，成为一种精神力量激励着人们。如今赛龙舟已走出了国门，受到外国友人的欢迎。

端午节的文化精神蕴含着我们民族的自尊心和自信心，是我们弥足珍贵的文化财富。

四时诗韵

## 时雨（节选）

（宋）陆游

时雨及芒种，四野皆插秧。

家家麦饭美，处处菱歌长。

《时雨》是陆游晚年所写，诗中描述了乡村雨后插秧种水稻的忙碌，又以"家家麦饭美，处处菱歌长"形象地体现出农家在小麦丰收后，饭香四溢，歌声阵阵的喜悦。

芒种总让人觉得是个充满文学意味的节气，因为"腰镰上垅刈黄云，东家西家麦满门。"原野里麦子成熟了，纤细的麦秆随风摇曳，难以支撑那沉甸甸的麦穗，于是谦逊地低下头，感谢大地的供养，感谢农家的辛劳。它用金黄装点原野，把饱满的麦粒献给农人。割麦的人们在麦浪中起起伏伏，构成了麦田别样的风景。

雨应时地下着，广阔的田野一派繁忙的景象，农家弯着腰，赶着时间把秧苗插好。说实在的，插秧是极其辛苦的一项农活。杨万里的《插秧歌》说："田夫抛秧田妇接，小儿拔秧大儿插。笠是兜鍪（móu）蓑（suō）是甲，雨从头上湿到胛（jiǎ）。唤渠朝餐歇半霎，低头折腰只不答。秧根未牢莳（shì）未匝（zā），照管鹅儿与雏鸭。"一家老小在芒种时都要下地干活，虽然穿着蓑衣，戴着斗笠，依然挡不住雨水浇在身上。因要赶着时令插秧，农家从早干到晚，不肯多休息一会儿。

耕作虽然辛苦，但收获的新鲜麦子做出香喷喷的麦饭；看着整齐的秧苗，遥想秋季的丰收，田野中便飘荡起悠扬的菱歌。

## 青梅煮酒话芒种，花谢花飞惜春暮

"青梅煮酒论英雄"出自三国的典故。话说曹操杀死吕布之后，带着刘备、关羽、张飞来到许昌。因刘备是汉献帝的皇叔，曹操怀疑他有称雄的异心。刘备为打消他的怀疑，终日浇水种菜。一日，曹操置一盘青梅、一樽煮酒与刘备评说谁是当世英雄。曹操为了试探刘备，说："天下英雄唯使君与操耳。"刘备听了心惊不已。正值当日风雨变化，有龙卷风出现，刘备借一声惊雷，缓解了危机，打消了曹操的疑心。

三国中的青梅煮酒是青梅配煮酒，而煮梅是从夏朝开始的。芒种时青梅成熟，但味道酸涩难以直接入口。于是将梅果放在陶罐里，置于灶膛的炉灰之中，连续加温两三个月，梅子变黑就可以吃了。如今江南有些地方还有将青梅泡入白酒之中，制成青梅酒；也有将青梅与黄酒一起加热饮用。

如果说煮梅是芒种风雅的习俗，那么送花神就是芒种的别样情趣了。《红楼梦》中有这样的描述"至次日乃四月二十六日，原来这日未时交芒种节。尚古风俗：凡交芒种节这日，都要摆设各种礼物，祭奠花神，言芒种一过，便是夏日了，众花皆谢，花神退位，须要饯行。然闺中更兴这些风俗，所以大观园中之人都早起来了。那些女孩子们，或用花瓣柳枝编成轿马的，或用绫锦纱罗叠成干旄（máo）旌（jīng）幢（zhuàng）的，都用彩线系了，每一棵树上，每一枝花上，都系了这些物饰。满园里绣带飘摇，花枝招展，更兼这些人打扮得桃羞杏让，燕妒莺惭，一时也道不尽。"

《红楼梦》不愧为"百科全书"，曹雪芹的一段描述让我们了解几乎被遗忘的芒种习俗——送花神。看，送花神很注重礼仪、仪仗。女孩们在花神面前不能失了礼仪，要把自己打扮得漂漂亮亮，让"桃羞杏让，燕妒莺惭"。同时还要为花神准备行路的"轿马"，准备庄严的干旄旌幢，用隆重的仪仗送花神。

送花神是古人对自然变化的敏感，是对大自然重视的一种表现。

1. 种豆不怕早，麦后有雨赶快搞。

芒种时天气变化无常，收麦、晒场都需要一个好天气，所以农家要抢在雷雨来前抓紧收割。夏忙就是工作多，一边忙着夏收，一边还要赶早把夏豆播种下去。

2. 雨打黄梅头，四十五日无日头。

梅雨季是绵绵不断的，雨时大时小，天空总是阴沉着，很长时间都见不到太阳。

3. 芒种夏至天，走路要人牵；牵的要人拉，拉的要人推。

天气炎热，雨水增多，到处弥漫着又湿又热的空气，使人头脑不清爽，懒散无神，精神困倦，食欲不佳。

谚语荟萃

- 芒种晴天，夏至有雨。

- 芒种前，忙种田；芒种后，忙种豆；芒种不种，再种无用。

- 芒种打雷是旱年。

- 芒种雨涟涟，夏至要旱田。

- 芒种火烧天，夏至雨淋头。

- 芒种鸣雷年成好，今年黄牛不吃草。

# 夏至

节气释义

　　夏至是二十四节气中的第十个节气，一般在每年公历6月21日或22日交节。"至"是"极"的意思，《恪（kè）遵宪度抄本》中记载："日北至，日长之至，日影短至，故曰夏至。至者，极也。"夏至这一天，太阳直射地面的位置达到一年的最北端，几乎直射北回归线，因此，古时也把这一天叫日北日。夏至日，北半球白昼最长，夜晚最短，我国最北端的黑龙江漠河白昼长达17小时。夏至时，因太阳照射角度是全年最大的，所以日影最短。夏至过后，太阳直射地面的位置逐渐南移，北半球的白昼日渐缩短。所以，民间有"吃过夏至面，一天短一线"的说法。

　　夏至是二十四节气中最早被确定的一个节气。公元前七世纪，我国古人采用土圭测日影，就确定了夏至。《春秋左

传》中有，鲁僖（xī）公五年："凡分、至、启、闭，必书云物，已备故也。"这其中"分"指春分、秋分；"至"指夏至、冬至；"启"指立春、立夏；"闭"指立秋、立冬。意思是说凡到这八个节气，一定要记下天色灾变，为避灾祸早作准备。可见春秋中期就已有对夏至的记载了。

夏至表示炎热的夏天快到了。我国民间把夏至15天分为三时，头时3天，中时5天，末时7天，还留下了夏至吃面的饮食习俗。因夏至新麦已经登场，所以，夏至吃面也有尝新的意思。

夏至还是观莲的最好时节。民间把6月24日作为荷花的生日，早在宋代就有"观莲节"了。荷花亭亭玉立，集花、叶、香三美于一身，成为历代文人墨客歌咏的对象。"清水出芙蓉，天然去雕饰""接天莲叶无穷碧，映日荷花别样红"的经典诗句，描绘了荷花的风姿神韵；"出淤泥而不染，濯清涟而不妖"更表现了荷花圣洁无瑕的气质，也是人们追求的理想人格。

夏至还有一个独特的星象——北斗七星斗柄指南。北斗七星属大熊星座，人们历来有认北斗、辨方向、定季节的做法。因为季节的不同，北斗七星在天空中的位置也不尽相同。古籍《鹖（hé）冠子》记载："斗杓（sháo）东指，天下皆春；斗杓南指，天下皆夏；斗杓西指，天下皆秋；斗杓北指，天下皆冬。"夏至晚上10点左右，人们在黄河流域可以看到北斗七星的斗柄指向正南方向。

## 夏至三候

初候，鹿角解。

二候，蝉始鸣。

三候，半夏生。

古人认为鹿的角朝前生，所以属阳。夏至日阴气生而阳气始衰，所以阳性的鹿角便开始脱落。知了在夏至后因感受到阴气生发，于是鼓翼而鸣。半夏是一种喜阴的药草，因在仲夏的沼泽地或水田中出生，所以得名。在炎热的仲夏，一些喜阴的生物开始出现，而阳性的生物却开始衰退了。

节气探源

## ∞ 百里西风禾黍香

我国有"不过夏至不热"的农谚。夏至时，我国大部分地区气温较高，日照充足，农作物生长旺盛。这时的降水对农业产量影响很大，有"夏至雨点值千金"之说。《荆楚岁时记》中记曰："六月必有三时雨，田家以为甘泽，邑（yì）里相贺。"

夏至延续着芒种的繁忙，是农家最忙最累最欢喜的日子。有农谚总结道："夏至时节天最长，南坡北洼农夫忙。玉米夏谷快播种，大豆再拖光长秧。早春作物细管理，追浇勤锄把虫防。夏播作物补定苗，行间株间勤松耪（pǎng）。棉花进入盛蕾期，常规措施都用上，一旦遭受雹子砸，田间会诊觅良方。一般不要来

翻种，追治整修快松耪。高粱
玉米制种田，严格管理保
质量。田间杂株要拔除，
母本玉米雄去光。起刨大蒜
和地蛋，瓜菜管理要加强。久
旱不雨浇果树，一定不能浇过量。
麦糠青草水缸捞，牲口爱吃体健壮。
二茬苜蓿好胀肚，多掺干草就无妨。藕苇蒲茭都管好，喂鱼定时
又定量。青蛙捕虫功劳大，人人保护莫损伤。"

　　夏至不约而来，就像无声的号角，催促着人们去耕作，去收
割。芒种时播种的夏季作物已经出苗，需要除去多余的幼苗，留
下需要的好苗，若有缺苗还要及时补苗。这就是农民常说的间
苗、定苗、补苗。

　　夏至鼎盛的阳气催熟了累累硕果，黄瓜、青椒、茄子等蔬
菜轮番上了餐桌，杏子、杨梅、桃子也熟了。杏子、杨梅虽然好
吃，但不能多食，因为甜中带酸，多吃照样可以酸倒牙齿，让你
连豆腐都咬不动。


## ∞ 被人遗忘的夏至节

　　夏至跟太阳关系密切，但古人在夏至日却不祭日，反而祭
地。《周礼·春官·神仕》记载："以冬日至致天神人鬼，以夏日
至致地示物魅，以禬（guì）国之凶荒、民之札丧。"就是说，夏
至祭祀地神和百物之神，是为国家除去灾害，为百姓免除瘟疫。

　　在古人看来，夏至不是一个简单的节气，而是阴阳升降、天
道循环的转折点，是重要的节日，所以夏至又称夏节、夏至节。
在节日举行祭祀是理所应当的，但祭地是皇上的特权，祭地礼仪

是国之大典。宋朝夏至节，百官可放假三天。到了明清两朝，更是修了地坛，让皇帝在夏至日举行盛大的祭地仪式。现今北京市东城区安定门外的地坛公园，就是明清留下的祭地遗址。这座庄严肃穆、古朴幽雅的皇家坛庙，是北京五坛中的第二大坛，与天坛遥相对应。远在周代，就有掘地成方池贮水祭地的礼仪，现地坛公园的方泽坛是其重要的建筑。坛呈方形，以象征"天圆地方"的传说。中心坛台分上下两层，周有泽渠、外有坛壝（wěi）两重，四面各有棂（líng）星门。古时祭祀仪式十分隆重，由皇帝亲自主持，王公大臣都要先行斋戒。

到了民间，夏至日有荐新祭祖仪式。中国人是特别讲究对祖先的祭祀的。夏至一到，刚好是大麦、小麦收割完毕的时候。当这些新鲜的食物下来之后，活着的人不是自己来享受它，而是呈上新收的麦子与祖先共享。不过时至今日，祭祀的习俗已渐渐被人们淡忘。

放荷灯也是夏至的民间风俗，表达对逝去亲人的怀念，对活着的人们的祝福。千百盏荷灯在夏至夜晚被人们施放到河中，闪闪烁烁，就像散落到人间的点点星光，很是令人心醉。

四时诗韵

## 竹枝词

（唐）刘禹锡

杨柳青青江水平，

闻郎江上唱歌声。

东边日出西边雨，

道是无晴却有晴。

## 名师点拨

凡是写夏至雨水的文章都会提到刘禹锡的这首《竹枝词》，因为一句"东边日出西边雨，道是无晴却有晴。"写出了夏至雨水的特点——疾风骤雨。一阵隆隆的滚雷响彻云霄，那阵势甚是令人恐慌，黑墨一般的天空让你不敢多看一眼，一阵疾风扫过，带着豆大的雨点倾泻而下。这雨虽然很是唬人，但来得快，去得也疾，而且范围很小。有时马路东边在下雨，马路西边却洒满阳光，真的是"夏雨隔田坎"。这种奇特气象，是因为夏至后地面受热强烈，空气对流强劲，特别是在午后或傍晚易形成雷阵雨。

《竹枝词》是由民歌演变而来的诗体。诗人描写一位少女站在杨柳依依的河边，望着水平如镜的江面，耳边传来了情郎的歌声，犹如小石入水，在姑娘的心中激起阵阵涟漪。字面的"有晴"、"无晴"，实际是指"有情"、"无情"。姑娘的心中忐忑不安，不知情郎对自己有心，还是无心。在惴惴不安之中，感觉有情重于无情，因为诗句最后说"道是无晴却有晴"。

夏天的雨可以杀暑，可以润禾，它还有更大的价值，那就是替娇羞的姑娘表达情感。用谐音双关语表情达意，是从古至今诗歌常用的表达方法。用"晴"寓"情"，自然而含蓄。对于一个娇羞的姑娘来说，这样隐喻地表达是再合适不过的了。

## 圭表测影

关于圭表有这样一个传说：相传中华民族的始祖伏羲从甘陇出发，迎着太阳升起的方向来到了一望无际的中原，望着脚下苍莽大地，伏羲停下了脚步。他知道当太阳照在物体上时，物体总会分出阴面和阳面，同时，地面上也会留下影子，而影子的变化是有规律的。伏羲思量片刻，拿出了一件类似角尺的工具，这看似现代木工使用的角尺就是"圭表"。

其实，圭表是古代先贤发明创造的，是我国最古老的以太阳为观测对象的天文仪器。圭表由两部分组成，"圭"是一把横置于地上的刻度尺，形为长条形，最早是用土做的，后来有玉制的、石制的；"表"是一根直立的标杆。圭与表构成一个直角，并且表要置于圭的南端。圭板的中线上除了有刻度，还有一个长槽，使用时长槽里放水，以确保圭板保持水平。每当太阳升起时，标杆的日影就落在圭板上，根据圭板的刻度就可知道日影的长度。一天当中，日影最短时是正午，此时日影的方向是正北，反向为正南，南北连线的交叉线则指向正东或正西。

后来人们惊喜地发现，因为季节、地点、时刻的不同，日影的长度也不相同。人们就这样在经年累月的测量中，测出了天地的运行规律，找到了时空转换的法则，有了时间和空间的概念，推算出一昼夜的起止点，一月三十天、一季三个月、一年十二个月的起止点，进而确定了二十四节气，并把正午日影最短的一天定为夏至，日影最长的一天为冬至。寒冷的冬至后，日影越来越短，直到日影最短的夏至，由此知道了一年的长度，而就在最

短、最长的范围中，季节、气象、物候等有规律地变化着。

自古以来，我国就是一个农业大国，播种和收割都与季节的更替息息相关。我们聪明的先贤借助圭表测影指导农事活动，学会了与周围生态环境和谐相处，与周期性变化相适应、相关联。

## 经典谚语

1. 夏至三庚数头伏。

古代用天干、地支合并记载时间，三庚中的"庚"字便是"甲、乙、丙、丁、戊、己、庚、辛、壬、癸"10个天干中的第7个字，庚日每10天重复一次。从夏至日开始算起，第三个庚日便是头伏第一天。

2. 夏至东风摇，麦子水里捞。

夏至日若刮东风，雨水就会多，收麦子要快，否则就会泡在雨水中。

3. 冬至饺子夏至面。

冬至日要吃饺子，而从夏至开始则要改变饮食，以热量低、便于制作、清凉的食物为主要饮食，面条通常为一般家庭的首选。

- 爱玩夏至日，爱眠冬至夜。

- 夏至无雨三伏热。

- 长到夏至短到冬。

- 夏至风从西边起，瓜菜园中受煎熬。

- 夏至不雨天要旱。

- 夏至有雨，仓里有米。

夏

夏至

# 小暑

节气释义

　　小暑是二十四节气中的第十一个节气，在每年公历 7 月 6 日—8 日交节。小暑就是小热，小暑节气的到来，标志着夏季的正式开始。《月令七十二候集解》："六月节。暑，热也，月初为小，月中为大，今则热气犹小也。"小暑虽然不是最炎热的天气，但小暑过后就是一年当中最热的节气——大暑，民间有"小暑大暑，上蒸下煮"之说。由于天气炎热，人们易出汗，人体消耗较大，此时应及时补水，关注身体健康。人们常说的"三伏天"也就在此时开始了。小暑这个阶段，南方的平均气温可达 26℃，日最高气温更是可以达到 35℃左右。

　　小暑时节，江淮流域的梅雨就要结束，标志着盛夏的开始，气温升高，降雨增多。但长江中下游地区常出现高温少雨的天气，进入伏旱期，农业防旱在此时显得格外重要。此时我国北部进入多雨季节，强对流天气频发，如暴雨、雷电、冰雹、龙卷风等天气。这种天气的降雨虽然对水稻等农作物十分有利，但是有时也会给棉花、大豆等旱农作物造成灾难性的影响。小暑期间，我国南部应注意抗旱，北部需注意防涝。农作物正值苗壮成长阶段，农民更需要加强田间管理。

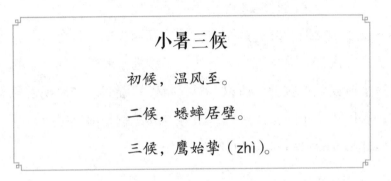

## 小暑三候

初候，温风至。

二候，蟋蟀居壁。

三候，鹰始挚（zhì）。

意思是说小暑过后，风中带着热浪袭来。小暑五日后，由于气温上升，蟋蟀离开了田野，到庭院的墙角下躲避暑热。再过五日，老鹰因地表温度升高，而在温度低的空中飞行。

节气探源

### ❀ 出梅入伏防涝防旱

小暑节气也是出梅和入伏的时候。这意味着江淮流域梅雨即将结束，伏天开始，气温升高，进入伏旱期。而华北、东北地区进入多雨季节，热带气旋活动频繁，登陆我国的热带气旋开始增多。小暑天下雨，对其后天气的晴雨还是有一定预报作用的。此时，长江中下游地区的黄梅天似乎已经过去，出现盛夏的特征，可是几天以后，又重新出现闷热潮湿的雷雨、阵雨天气，并且会维持相当一段时期。这种情况好像黄梅天在走回头路，重返长江中下游，所以称为"倒黄梅"。农谚有："小暑一声雷，倒转半月做黄梅"。而小暑节气的凉热与未来天气也有一定关系，农谚有："小暑热得透，大暑凉飕飕。"有经验的农民会以天气做参考，进行下一步农作物的管理规划。

由于小暑时节北方降雨多，南方高温少雨，因此，北方需注意防涝，南方应注意抗旱。此时，早稻处于灌浆后期，早熟品种在这个时候就要收获，所以，要保持田间湿润。当出现雷暴天气时，农民要防止热雷雨天气，最好的办法就是雨后很快浇水，最好用井水或冷水塘的水进行喷灌。

## ∽ 头伏为什么吃饺子

小暑节气里，则是伏天的开始。此时，气温高且空气潮湿，人体感到闷热，食欲不振。那么，此时应该吃什么呢？在老北京，"头伏饺子二伏面，三伏烙饼摊鸡蛋"是一句脍炙人口的俗语，流传于大街小巷，就连胡同里的小孩儿都能倒背如流。那么在老北京，头伏为什么要吃饺子呢？

伏天天气炎热，汗流浃背的人们都愿在此时做一些简单少油而又清淡爽口的美食，而饺子在中国人的饮食里是开胃解馋的食物，由此衍生出伏天吃饺子、面条、烙饼的习俗。另外，饺子形似元宝，元宝属金，"伏"与"福"谐音，因此，头伏吃饺子的寓意就是"元宝藏福"。古时候，平民百姓对吃饺子的要求很低，饺子里只要有馅儿就可以了，一般的家庭都是包素馅儿饺子，经济条件好的人家会包一些猪肉大葱馅儿的饺子，称之为一个肉丸馅儿的。

其实，老北京人一年四季都爱吃饺子，随着生活水平的提高，在头伏吃饺子的品种也变得多种多样，有水煮的、烫面的、油炸的，还有锅贴儿等等。而锅贴儿又称福贴，"福"与"伏"谐音，取其富贵吉祥之意。

## 小暑六月节

（唐）元稹

倏（shū）忽温风至，因循小暑来。

竹喧先觉雨，山暗已闻雷。

户牖（yǒu）深青霭，阶庭长绿苔。

鹰鹯（zhān）新习学，蟋蟀莫相催。

**名师点拨** ····················································

本诗的诗题告诉了我们写作的时间，是农历六月小暑时所作。元稹的这首小诗先从天气写到植物，从植物又写到动物，让我们先闭上眼感受风，再睁开眼仰望天空，竖起耳朵听听雷声，然后俯下身子看看庭院，最后，走到户外找找动物的变化。描述生动浅显，却把"小暑"这个节气的特点描绘得淋漓尽致。

首句将"温风"与小暑节气联系起来，用"因"说明首联两

句间的因果关系，"倏忽"则形容时间流逝之速。小暑到了，天气开始变得炎热，气候也变得无常。风动竹亦动，竹叶的喧哗声预示着天气的变化，而"竹喧"又与"温风"呼应，因风动而"竹喧"，因"竹喧"而预示着暴雨的到来。果然顷刻间，天地变得昏暗，已经可以听到轰隆的雷声。颔联选取竹、山、雷三个意象，又分别用喧、暗、闻形容，从听觉、视觉方面展示雨前的自然景象。炎热的夏季已经到来，降雨量增加，使得窗户上已经长出了青苔，仿佛绿色的烟霭萦绕在门户之上。颈联字字相对，以"户牖"对"阶庭"，"深"对"长"，又以"青霭"与"绿苔"相呼应。天上的雄鹰、鹯鸟已经开始练习搏杀，而蟋蟀此时羽翼未成，居于穴壁之上。天空中鹰、鹯与地上的蟋蟀，都感应节气的变化而发生着改变。全诗语言简练明朗，只是描写眼中所见，耳中所闻。一切都是如此的随意、自然，却写出了生活的情趣与味道。

## 夏季吃瓜好处多

小暑节气气温很高，许多人都喜欢待在空调房内，吹着空调吃西瓜。在人们眼中，西瓜是夏季消暑的最好食物，而且很多年轻人都喜欢吃冰镇西瓜，你们知道吃西瓜的好处都有哪些吗？

西瓜中的番茄红素、β 胡萝卜素、瓜氨酸等可减缓皮肤老化，抑制胶原蛋白分解，对皮肤起到保湿、抵御紫外线伤害的效果。说到番茄红素，我们一般都会想到西红柿，其实，西瓜也是番茄红素"大户"。番茄红素有助改善血管功能，减少胆固醇对血管健康的威胁。研究发现，经常摄取富含番茄红素的食物，可降低约 20% 的中风风险。番茄红素还是一种很强的抗氧化剂，有利于免疫系统健康，减少感冒的发病率。西瓜含有胆碱（属于 b 族维生素），有助于调节生物钟，保持大脑清醒，提升注意力和记忆力。

西瓜虽然是夏日消暑解渴的圣品，又有多种健康好处，但西瓜的钾含量较高，且属于寒性水果，体质虚寒者千万别贪多。

经典谚语

1. 六月六，看谷秀。

农历六月六日，是观看庄稼抽穗开花的时候。

2. 小暑过，一日热三分。

小暑节气一过，天气就会变热许多。

3. 小暑吃芒果。

小暑节气前后正是芒果成熟的季节，散发着诱人的芬芳。芒果不仅生津开胃，还能提高食欲。

谚语荟萃

- 谷秀三场雨，遍地都是米。
- 小暑不栽薯，栽薯白受苦。
- 小暑南风，大暑旱。
- 小暑惊东风，大暑惊红霞。
- 六月六，家家晒红绿。

# 大暑

节气释义

　　大暑是二十四节气中的第十二个节气，也是夏天的最后一个节气，一般是在每年公历7月22日—24日交节。大暑就是大热，大暑节气的到来，标志着一年中最热的时期已经到来。《月令七十二候集解》："大暑，六月中。暑，热也，就热之中分为大小，月初为小，月中为大，今则热气犹大也。"其气候特征是："斗指丙为大暑，斯时天气甚烈于小暑，故名曰大暑。"大暑节气正处于"三伏天"里的中伏前后，是一年中日照最多、气温最高的时期，农作物生长最快，同时，很多地区的旱、

涝、风灾等各种气象灾害也最为频繁。大暑节气里，全国大部分地区干旱少雨，许多地区的气温达35℃以上。

常言道："热在三伏"。大暑一般处在三伏天里的中伏阶段，这时我国大部分地区都处在一年中最热的阶段，而且全国各地温差也不大，与谚语"冷在三九，热在中伏"相吻合。大暑相对小暑，顾名思义，更加炎热。我国除青藏高原及东北北部外，大部分地区35℃的高温非常常见，40℃的酷热也时常出现。如果没有充足的光照，喜温的水稻、棉花等农作物的生长就会受到影响。但连续出现长时间的高温天气，对水稻等作物的成长也十分不利。长江中下游地区有这样的农谚："五天不雨一小旱，十天不雨一大旱，一月不雨地冒烟"。可见，高温少雨是伏旱形成的催生条件，伏旱区持续大范围高温干旱的危害，有时大于局地洪涝，此时防旱尤为重要。与此同时，这个节气雨水多，有"小暑、大暑，淹死老鼠"的谚语，要注意防汛防涝。

## 大暑三候

初候，腐草为萤。

二候，土润溽（rù）暑。

三候，大雨时行。

大暑节气时，萤火虫卵化而出，在科学知识匮乏的古代，古人认为萤火虫是腐草变成的。此时，天气开始变得闷热，土地也很潮湿。时常有大的雷雨出现，这大雨使暑湿减弱，天气开始向立秋过渡。

## 早稻收，晚稻插，棉花开

大暑正处在三伏的中伏阶段，是我国大部分地区一年中最热的时期，也是各种喜温农作物到了生长最快的季节。我国一年中农业生产重要的时节就是伏天，这是因为伏天的高温为喜温的农作物生长发育和高产提供了有利的条件，如早稻灌浆成熟；晚稻插秧；棉花开花、结铃；玉米抽雄吐丝等等。此时，除了炎热的天气外，北方雨季已来到，南方易涝也易旱，气候变化也是最为剧烈的时期，程度不同的雷电、冰雹等会相继发生。此时要注意农田管理，减少危害损失。

我国部分地区一年可以种两季稻，农谚道："禾到大暑日夜黄"，对这些种植双季稻的地区来说，适时收获早稻，可减少后期风雨造成的危害，确保丰产丰收。不过农民也要根据天气的变化灵活安排，晴天多割，阴天多栽，在7月底以前栽完双晚，最迟不能迟过立秋。农谚："大暑天，三天不下干一砖。"说的就是酷暑高温，农作物的水分蒸发很快，尤其是长江中下游地区正值伏旱期，旺盛生长的作物对水分的需求更加迫切，所谓"小暑雨如银，大暑雨如金。"说的就是这个道理。此时棉花花铃期叶面积达到最大值，最需要水，如果田间的湿度低于60%，就会受旱而引起落花落铃，因此，必须马上灌溉。灌溉时要注意灌水不要在正午高温时进行，避免土壤温度变化过于剧烈而加重脱落。

## 斗蟋蟀，欢乐多

大暑节气，乡村田野里的蟋蟀最多，生活在乡村的人们茶余饭后闲来无事，于是，逮几只蟋蟀互相斗一斗，以此为乐，斗蟋蟀渐渐成了一些地方的风俗。旧时城镇、集市，多有斗蟋蟀的赌场，今已被废除，但汉族民间仍保留此娱乐活动。这项活动自兴起之后，经历了宋、元、明、清四个朝代，又从民国至今，前后八九百年的漫长岁月。这一活动始终受到人们的广泛喜爱，长兴不衰，呈现出年甚一年的趋势。真正的蟋蟀名产地，以山东齐鲁大平原而闻名全国，而山东的宁津县是蟋蟀王国王冠上的宝石。宁津种的蟋蟀头大、项大、腿大、皮色好，同时，宁津蟋蟀还有北方干旱区虫的体质、顽强的斗性、耐力、凶悍，有咬死不败的烈性。所以近些年来，全国蟋蟀大赛中，宁津种的蟋蟀多获冠军。历史上宁津为历代帝王斗蟋蟀的进贡名产地，历史上才有宁津蟋蟀斗慈禧的民间故事传说。

斗蟋蟀从六月暑天玩起，到秋天更为流行，故又有"秋兴"一说，老北京则称为"京秋雅戏"。据五代王仁裕《开元天宝遗事》，唐朝时后宫中流行斗蟋蟀，"每至秋时，宫中妃姜辈，皆以小金笼捉蟋蟀，闭于笼中，置之枕函畔，夜听其声，庶民之家皆效之。"

那么蟋蟀要如何斗呢？斗蟋蟀，通常是在陶制的或磁制的蛐蛐罐中进行。两雄相遇，一场激战就开始了。首先猛烈振翅鸣叫，一是给自己加油鼓劲，二是要灭灭对手的威风，然后才龇牙咧嘴开始决斗。头顶、脚踢，卷动着长长的触须，不停地旋转身体，寻找有利位置勇敢扑杀。几个回合之后，弱者垂头丧气，败下阵去，胜者仰头挺胸，趾高气扬，向主人邀功请赏。最善斗的当属蟋蟀科的墨蛉，汉族民间百姓称之为黑头将军。

如今，在大暑时节，一些地区仍有斗蟋蟀的比赛，但玩斗蟋蟀切忌玩物丧志。

## ❧ 老北京人纳凉的好去处

大暑节气，天气炎热，古时候并没有电风扇和空调，百姓们又是如何降温呢？这个时候，解暑唯有靠冰。在老北京，作为都城，到了这时候，皇上要给各位大臣发冰解暑。可有意思的是，发冰量的多少，也要根据官阶大小而定。

老百姓们解暑只能到冰窖厂去买冰。旧京都，一北一南，各有一个冰窖厂，专门在冬天结冰时藏冰于地下，就等着来年大暑时卖个好价钱。清时有《竹枝词》说："磕磕敲铜盏，沿街听卖冰。"敲铜盏卖冰，成了那时京都一景。新中国成立后，原来的冰窖厂一部分变为了一所学校，另一部分拆平成了宽敞的马路。

大暑节气，人们户外的日常活动明显减少，娱乐活动也随之减少，老北京人在这个时候最爱去的地方，就是宣武门外的护城河边。那时候，皇宫养象的象房就在宣武门内，每年到了大暑节气，官校都要用旗鼓迎象出象房，再出城门，到护城河洗澡消暑。由于临近护城河，人们能够在炎炎烈日下感觉一丝凉意。因此，聚在河边看洗象，成了老北京大暑节气的一景。有钱人会在茶楼的窗边沏一壶好茶，欣赏着洗象。没钱的穷苦人则拥在河边看热闹。无论富人还是穷人，此时都能自寻其乐，优哉游哉。

赏荷花也是古人消暑的佳趣。盛夏六月荷花盛开，傍晚时分，人们吃过晚饭出门散步，欣赏盛开的荷花。而欣赏荷花的好地方，当属北京什刹海"荷花最盛"。什刹海湖边非常清凉，荷

花盛开，可以在阳光晴朗的日子租一条小船漫游湖心，欣赏湖景。也可以傍晚时分前来赏荷，在喧嚣的步行街旁、明亮的霓虹灯下，叫上几杯小酒，与三两好友临湖谈天。这片荷塘显得更加神秘而高雅，更显得莲之出淤泥而不染，处闹市仍静默。

四时诗韵

# 大 暑

### （宋）曾几

赤日几时过，清风无处寻。

经书聊枕籍，瓜李漫浮沉。

兰若静复静，茅茨（cí）深又深。

炎蒸乃如许，那更惜分阴。

## 名师点拨

　　本诗写作的时间是农历六月大暑时节。曾几的这首诗，把大暑时节的酷热描写得十分到位，使人读后会有身临其境的感觉。火热的骄阳炙烤着大地，不知何时才能落下，清风也似乎躲了起来，无处寻觅。翻开几卷经书打发无聊的时光，水中瓜果起起浮浮。心静若兰，茅屋幽深，诗人享受着这份安谧寂静。虽然天气炎热，但我们更应爱惜光阴。

首句一个"赤日"，让人联想到了火热的骄阳，与"清风"相对应，更能显出夏日中习习凉风的可贵。颔联和颈联写出了炎热的天气下，唯有"心静"方可"自然凉"，这也写出了诗人此时平和的心境。尾联"炎蒸乃如许，那更惜分阴。"道出了本诗的主题，同时也抒发了作者的情感。炎炎夏日，绿树成荫，林间蝉鸣，别有一番风情。少时夏日多情趣，嬉水捕蝉，纵使骄阳似火，少年自得其乐，并不会有烈日灼心的烦。时过境迁，容颜经不住岁月的变迁，暑天也有了火炉的趣谈。清茶一杯，心驰神往于山水间，偷得浮生半日闲，不为功名利禄，即使没有习习凉风，也能感受热风的惬意。世事变迁，心中寻得禅语一半，任由浮沉行于世间，心静若兰，自得清风入怀。炎炎夏日不过如此，怎么能夺取我对一寸光阴一寸金的珍爱！

## 三大火炉城市

大暑节气，气温是一年当中最热的时候，这种天气给人们的生产生活都带来了不利的影响。这个时期，在户外工作的人们极容易中暑。在我国长江中下游地区有一片高温区，南京市、武汉市和重庆市，一年中气温超过30℃的天数达70天以上，甚至出现过40℃以上的高温天气，所以，人们也称这三大城市为"三大火炉"。

虽然被人们形容为"大火炉"，但这三座城市并非我国最炎热的地区。其实在 2015 年，有专家监测到吐鲁番盆地艾丁湖日最高气温曾达到 50.3℃的极端最高气温纪录。但由于吐鲁番盆地人烟稀少，对人们的生产生活影响不算大，所以也鲜为人知。而南京市、武汉市和重庆市位于长江中下游，人口密集，高温天气持续时间较长，对人们的生产生活影响较大，被人们熟知。那么，为什么这里的天气如火炉般闷热呢？这是因为夏季受西太平洋副热带高压控制，维持较长时间的高温高湿天气。特别是 7 月中下旬和 8 月上中旬，副热带高压一般维持在长江中下游及其附近地区，使得这些地区闷热难耐。

现阶段，我国夏季炎热程度总体呈增强趋势，"火炉"名单也越来越长。气象资料显示，自 1951 年—2010 年，全国平均温度上升了 1.38℃，每十年增加 0.23℃，和全球变暖情况基本一致。温室气体是造成全球变暖的主要因素，而若要减少温室气体的排放，就要做好绿化工作，多建绿地，多种树木。

经典谚语

1. 小暑不算热，大暑正伏天。

虽然小暑时节天气变得炎热了，但是一年当中最热的时候是大暑时节，大暑节气正处于三伏天最热的时候。

2. 大暑有雨多雨，秋水足；大暑无雨少雨，吃水愁。

大暑前后出现阴雨，预示着以后雨水多。大暑前后如果少雨，甚至不下雨，那么未来降雨会很少。

3. 东闪无半滴，西闪走不及。

夏天午后，闪电如果出现在东方，雨不会下到这里，若闪电在西方，则雨势很快就会到来，要想躲避都来不及。

谚语荟萃

- 小暑雨如银，大暑雨如金。

- 伏里多雨，囤里多米。

- 大暑展秋风，秋后热到狂。

- 大暑大雨，百日见霜。

- 小暑不见日头，大暑晒开石头。

- 冷在三九，热在中伏。

- 大暑热不透，大热在秋后。

秋

# 立秋

节气释义

  立秋是二十四节气中的第十三个节气，也是秋季的第一个节气，一般在每年公历 8 月 8 日前后交节。立秋预示着炎热的夏天即将过去，凉爽的秋天将要到来，它代表着秋天的开始。那么，提起"秋"字，你会想到什么呢？秋风习习、稻谷飘香、果实累累……"秋"字由"禾"与"火"字组成，是禾谷成熟的意思，意味着秋天是一个收获的季节。

  虽然此时已经进入秋季，但并不意味着秋天的气候就已经到来。划分气候季节要根据"候平均温度"来判定，即当地连续 5 日的平均温度在 22℃以下，才算是真正地进入秋天的时节。我国

地域辽阔，除常年都是冬天和春秋相连的无夏区外，大部分地区在立秋时仍没有进入秋天气候，而且每年三伏天的末伏就在立秋后，还会有"秋老虎"驾到。秋天来得最早的北方一些地区，要到8月中旬正式入秋，而秋天的脚步到达海南时，已接近新年元旦了。

我国古代属于农耕社会，立秋节气对于农事影响很大。俗话说："秋不凉，籽不黄""立秋无雨是空秋，庄稼从来只半收。"看来立秋时节的天气好坏关系着农民一年的收成。它不仅是万物收获的季节，也是人们养生的重要时节，而此时我们最需要做的就是"春捂秋冻"。

# 立秋三候

初候，凉风至。

二候，白露降。

三候，寒蝉鸣。

立秋过后，暑天热风慢慢消散，凉风渐渐吹来。气温逐渐下降，清晨会有雾气产生。秋风带来丝丝凉意，寒蝉感阴而开始鸣叫。

## ☙ 立秋时节说下雨

立秋是农家的大节气，是庄稼接近成熟的季节。在农耕社会，人们十分重视这个节气的物候和农事意义，因为它关乎年景。我们从一些谚语中就能有所发现，立秋来得早或者晚，天下雨或者不下雨，都将影响农事。有种说法是"立秋晴一日，农夫不用力。"这句话的意思是：如果立秋当天天气晴朗，一定会风调雨顺，人们可以坐等着丰收了。可见，立秋日晴天对于农事是多么重要。但立秋后不下雨更忽视不得，谚语道："立秋有雨样样收，立秋无雨人人忧。""立秋雨淋淋，遍地是黄金。"看到这里，你不禁会问：这立秋节气对于农事来讲，到底是下雨好，还是不下雨好呢？

其实，这与农作物的种类及其生长期有关。换句话说，面对立秋时临近收割的作物，人们希望天气晴朗、温暖，加速它们的成熟。对于那些立秋时尚在生长的作物，人们便希望有充足的雨露来滋润它。因此，不同作物的需求大不相同，人们期盼的天气情况也就大不一样了。立秋以后，农民会更加地忙碌，因为大多数农作物开始进入生长发育期，玉米开始吐穗，棉花张开雪白的笑脸，饱满的花生藏在地下，一片片金黄的谷穗笑弯了腰。它们对水分和营养的需求日益增大，如果雨水适量，农作物就会健康成长；如果遇到干旱季节，农民就要及时浇水灌溉。不仅如此，农民还要追肥耘田，观察它们是否出现病虫害，用耐心与精心等待着一个欢乐的丰收年。

## ❧ 立秋暑未消"秋老虎"驾到

赤日炎炎的盛夏经常会让人感到身心倦怠，食欲下降，不由得期盼高温闷热的夏天尽快过去，凉爽宜人的秋天早日到来。当人们喜滋滋地迎来了立秋节气，却发现天气依然炎热，暑热难耐，想必这就是"秋老虎"驾到了。你不禁会问："秋老虎"

是什么意思？为什么要叫"秋老虎"呢？

实际上，"秋老虎"是民间对于立秋后短期回热天气的一种形象称呼。这种天气一般发生在8、9月间，持续时间半个月至两个月不等。它形成的原因是，南退后的副热带高压又再度控制江淮及附近地区，形成短期回热现象。通常每年的"七下八上"，也就是七月下旬到八月上旬，是全国多数地区最热的时期。立秋这个节气，是二十四节气中仅次于大暑、小暑的第三热的节气。因此，如果以立秋作为界定"秋老虎"的时节节点，那么立秋时节，南方遍地是"老虎"。而北方的"老虎"也常常是气势汹汹。这种天气就像一只老虎一样蛮横霸道，会连续多天晴朗高温、日晒强烈，重新出现暑热天气，因而，人们会感到酷热难耐。所以，民间称这段时间为"秋老虎"。此时气温虽高，但总体来说空气干燥，阳光充足，早晚气温不会太高。

## ∞ 悬称来称人　吃肉贴秋膘

现如今，我国民间还流行着立秋的多个习俗。秋社原是秋季祭祀土地神的日子，始于汉代，后世将秋社定在立秋后的第五个戊（wù）日。古代秋收完毕，官府与民间都要于此日祭祀社神表达感谢。所谓"春祈秋报"，意思是：古时候，人们在春天时恳请上苍保佑农事，到了秋天，还要叩谢上苍的保佑，用以还愿。宋代秋社还有吃食糕、饮酒等习俗，而如今这些活动逐渐流传演变为今天的社戏、庙会等民俗活动。生活在湖南、江西、安徽等山区里的村民，他们会利用房前屋后及自家窗台、屋顶晾晒或挂晒农作物，这种"晒秋"的形式已经成为农家喜庆丰收的"盛典"。在天津、江苏等地区，还盛行立秋这天全家围坐吃西瓜，形成"啃秋"、"咬秋"等习俗，寓意炎炎夏日、酷热难熬，时逢立秋，将其咬住。而在北京、河北一带民间，则流行立秋日"贴秋膘"。

据说在清朝，立秋这一天要悬称称人，将体重与立夏时对比检验胖瘦，体重减轻叫作"苦夏"。由于夏天天气炎热，人会食欲不振，饭食比较清淡简单，一个夏天后，体重大都会减少一点。那时人们对健康的判断，往往以胖瘦为标准，瘦了当然需要"补"。因此，到了立秋后，天气逐渐变凉爽，人的食欲开始增加，此时需要吃点儿好吃的，来补偿夏天的损失。而最好的"补"法，就是多吃肉"贴秋膘"，炖肉、烤肉、红烧肉、肉馅饺子、炖鸡、炖鸭、红烧鱼等，可以说在这一天里，城中处处沉浸在浓香的肉味中。在我国古代的农耕社会里，人们夏季劳作非常辛苦，即将进入秋天，又要秋种秋收，会更加繁忙。这些营养丰富的菜肴，正是给辛勤劳作的人们补补身子。所以，"立秋贴秋膘"的习俗一直沿袭至今。

## 立　秋

（宋）刘翰

乳鸦啼散玉屏空，一枕新凉一扇风。

睡起秋声无觅处，满阶梧桐月明中。

　　《立秋》是南宋诗人刘翰创作的一首七言绝句。这首诗流芳千古，主要凭借诗人对节气时令的敏感，以及流露出惆怅无奈的情感表达。从题目不难看出，这是一首典型的节气诗，全诗紧紧围绕立秋这个节气，写出了夏秋之交时自然界的细微变化。例如，诗中第二句写道"一枕新凉一扇风"，夜慢慢地安静下来，诗人的枕边吹来一阵阵清新的凉风，就像有人在床边用扇子一下一下地扇动。此处一个"新"字，写出了夏末秋初风的细微变化，秋天刚刚开始，诗人便感受到秋风的微凉，所以说是"新凉"。

　　"睡起秋声无觅处，满阶梧桐月明中"两句，写出诗人从睡梦中醒来，隐隐听见外面秋风萧萧，于是起身到院中寻找，却什么也没有找到，而意外见到明亮的月光下，满台阶梧桐叶这一秋景。正所谓"一叶落而知天下秋"，还有"秋风""明月"这些都是秋天特有的景物。诗人正是抓住秋天的景物，来渲染秋天的氛围，感知立秋时节自然界带来的细微变化。这些都是源于诗人对事物细微变化的敏感与细致观察。而"睡起秋声无觅处"中一个"觅"字，是全诗的精神所在，写出了诗人在秋天来临时一种朦朦胧胧、惆怅无奈的情绪。

## 七夕节里话七夕

　　农历七月初七是七夕节，又称"女儿节"、"乞巧节"，现在也被称为我国的"情人节"。这一天通常出现在立秋前后，有时跟立秋恰好是一天，也可以说七夕节其实就是立秋祭祀的另一种替代形式，也有立秋迎秋的含义。七夕节，源于传说中牛郎、织女的爱情故事。据说，天上的织女神仙下凡到了人间，她美丽善良、心灵手巧，与忠厚勤劳的牛郎结为夫妻，并生下一儿一女，两人过着男耕女织的幸福生活。不料，他们的事情被天帝知道了，天帝命令王母娘娘将织女强行带回天庭受审。牛郎披着老牛皮，挑着儿女上天追赶织女。眼看就要追上织女的时候，王母娘娘用金簪在天空中划出一条波涛汹涌的银河，他们只能隔岸遥望哭泣。天帝被他们忠贞的爱情所感动，答应每年农历七月初七的时候，由喜鹊来搭桥帮助他们团聚。这个凄美的爱情故事家喻户晓，流传至今。

　　七夕节是女孩们的节日。据说在古时，每到这一天，女孩子们就会穿着新衣来到花前月下，抬头仰望星空，寻找牛郎星和织女星，希望能够看到他们鹊桥相会，乞求上天让自己像织女那样心灵手巧，祈祷自己拥有美满幸福的婚姻。古时，女孩们在七夕节乞巧的习俗非常有

趣，例如，她们会用蛛网乞巧，把蜘蛛放在盒子里，观察它结网的样子，如果结网很密，就说明乞巧成功。有的通过穿针引线、投针于水来检验女孩是否灵巧，还有通过剪纸、刺绣、织布、烹饪等方式来比赛争巧。家人们还要在丰盛的家宴上摆上巧果，巧果就是一种"七曲八弯"形状的小点心。他们不仅是为女孩乞求一双玲珑的巧手，更是乞求一颗冰雪聪明的女儿心。

经典谚语

1. 立秋十天遍地黄。

立秋十天后，庄稼逐渐变黄成熟。

2. 立了秋，把扇丢。

立秋后，天气逐渐转凉，扇子基本上就用不到了。

3. 一场秋雨一场寒，十场秋雨就穿棉。

立秋后，每下一场雨就会凉一些，十场秋雨后就要穿棉衣了。

谚语荟萃

● 雷打秋，冬半收。

● 秋不凉，籽不黄。

● 早立秋冷飕飕，晚立秋热死牛。

● 立秋无雨是空秋，庄稼从来只半收。

● 秋前秋后一场雨，白露前后一场风。

● 立秋下雨人欢乐，处暑下雨万人愁。

# 处暑

节气释义

　　处暑是二十四节气中的第十四个节气，一般在每年公历8月23日前后交节。处暑意味着暑气渐去，凉意渐生。《月令七十二候集解》中这样表述："七月中，处，止也，暑气至此而止矣。""处"表示终止的意思，"暑"指暑气，"处暑"表示炎热的夏天结束了，即将进入气象意义上的秋天。处暑是代表气温由炎热向寒冷过渡的节气。

　　民谚有"处暑寒来"的说法，也就是说处暑是暑气结束的时节。自处暑以后，气温便开始逐渐下降，阵阵凉风会扑面而来，接着便是"一场秋雨一场寒""十场秋雨就穿棉"，意味着真正的秋天即将到来。但实际上，我国南北方处暑节气的表现并不是同步的。处暑节气中,真正进入秋季的只有我国东北和华北地区,此时每当受到冷空气影响,特别是风雨过后,人们会感到降温比较明显,昼夜温差也逐渐加大。而在我国南方地区,人们刚刚感受到一丝秋凉,便会再次回到高温酷暑的天气,与横行霸道的"秋老虎"相遇。在这个节气里,我国大部分地区天气干燥,人们感觉皮肤都紧绷绷的,头发也比往常干枯,嘴唇出现干裂,鼻子因为"火"大,更容易流鼻血,喉咙经常会干得冒火。这就是人们常说的"秋燥"现象。人们还会感到浑身懒洋洋的,打不起精神来,这也是人们常说的"春困秋乏"中的"秋乏"。因此,"润燥降火"是这个时节中重要的养生之道。

## 处暑三候

初候,鹰乃祭鸟。

二候,天地始肃。

三候,禾乃登。

处暑节气中,老鹰开始大量捕猎鸟类,天地间万物开始凋零。黍、稷、稻、粱类作物都已成熟。

节气探源

### ☙ 秋来满地黄　处暑农事忙

到了处暑时节,"秋老虎"日渐衰弱,暑热之气开始慢慢减退，随之而来的就是天高云淡、凉风送爽的金色秋天了。处暑三候中的三候为"禾乃登"，寓意着在这个节气中，多数农作物陆续进入最后的成熟期……田间地头一派丰收的景象，人们沉浸在收获的喜悦中。

从处暑节气开始，我国各地气温都开始有了明显变化，这样的变化对农事将产生较大的影响。在我国北方大部分地区，白天和夜晚的温差逐渐变大，这种昼暖夜凉的气温使庄稼成熟得格外快，因而民间流行着"处暑满地黄，家家修粮仓"的农谚。除华南和西南地区外，我国大部分地区雨季即将结束，降水逐渐减少，特别是华北、东北和西北地区要抓紧蓄水，保持田地土壤的温度，防止因为干旱而延误冬作物的播种期。我国南方大部分地区日照较充足，下雨天变少，这时正是收获中稻的大忙时节，因此，农民要及时抓住每个晴好天气，抢收抢晒中稻。如果遇到连绵阴雨天，就会影响收成。此时晚稻也正处于除草、施肥等田间管理的重要时期，在一些地区已开始播种大白菜、萝卜等冬季蔬菜，田间地头逐渐显现秋收秋种的繁忙景象。

## ∞ 认识真正的中元节

处暑节气里有一个重要的节日，在农历七月十五（或农历七月十四）这一天，道教称为中元节，佛教称为"盂兰盆节"，也就是民间传说中的"鬼节"。中元节与除夕、清明节、重阳节一道，都是我国传统的祭祖大节。为什么中元节又被称为"盂兰盆节"呢？

中元节的源头，应与中国古代的土地祭祖有关。宋代孟元老在《东京梦华录》中记载：中元前一日，即买练叶（一种植物的叶子，有香气），享祀时铺衬桌面，又买麻谷巢儿，亦是系在桌子腿上，乃告先祖秋成之意。也就是说七月初秋时节，各种作物逐渐成熟，讲究孝道的中国人要向先祖报告，并请老祖宗尝新，所以要举行祭祀祖先的仪式。道家认为，七月十五是中国民间传说中地官出生之日，称为中元节。每到这一天，地官要释放地狱中有罪的孤魂野鬼，让他们回家与家人团圆，也能享用人间的供奉。因此，人们要进行祭祖、上坟、点河灯等祭祀活动。依照佛教说法，阴历七月十五这一天，佛教徒会举行"盂兰盆法会"，用来超度祖先亡灵，以报答感谢父母养育之恩。而到了后来，七月十五逐渐演变为民间祭祀日，家家祭祀祖先。由此看来，中元节和亡灵有着千丝万缕的联系，它是以祀鬼为中心的节日，因此成为我国民间最大的鬼节。走到今天，即使在繁华的都市中，一些年岁较大的人都会通过对中元节古老习俗的固守，来表达自己对去世亲人的哀思，用来牢记父母的恩德。

## ❧ 七月十五放河灯　寄托哀思盼福归

　　在中元节这一天，民间习俗要祭奠逝者，或上坟扫墓，或在门前、巷口焚烧纸钱，其中还有一项最重要的习俗是放河灯。河灯，也叫"荷花灯"，它一般是在底座上放灯盏或者蜡烛。据说这种习俗最早开始于元代末期，明清两代时逐渐形成规模，明朝刘若愚的《明宫史》记载："七月十五日中元，甜食房做供品，西苑做法事，放河灯。"清代文昭《京师竹枝词》描写中元节时的盛况，其中也有记载："坊巷游人入夜喧，左连哈德右前门。绕城秋水河灯满，今夜中元似上元。"最初人们通过放河灯，主要是为了祭拜河神，后来用来祭奠河中鬼魂，而现今逐步演化为祭奠逝去亲人，祈福求吉祥。

　　中元节这一天，每当夜幕降临，人们开始聚集到河岸，将一盏盏河灯放入平缓的河水中，让其顺水漂流。河灯造型各异，粉红色的荷花灯、星形灯、宝塔灯、各式动物灯，水中忽明忽灭的灯火似点点繁星，又似双双明眸，在水上绵延一片，缓缓地漂流而去，场面颇为壮观。河岸上，放灯的人们内心满怀虔诚，久久凝望着、默默祝福着漂向远方的属于自己的那盏灯。一盏灯代表着一颗心，象征着一个希望，盏盏河灯寄托着对逝者的思念，还带有人们对未来美好生活的期盼。

# 秋 思

（唐）张籍

洛阳城里见秋风，

欲作家书意万重。

复恐匆匆说不尽，

行人临发又开封。

## 名师点拨

在古代诗人的笔下，秋天是个乡思的季节。也许因为北雁南飞，引发游子归去的情思；也许因为秋风乍起，落叶归根，常常激起游子寻根的思绪。《秋思》这首诗采用叙事抒情的写法，借助日常生活中一个小小片段，描写诗人在写家书前、写家书后的动作及心理活动，真切细腻地表达了客居他乡的游子，对远方亲人的深切思念之情。

全诗第一句中交代了"写家书"的原因：见秋风起。这一句只是平平叙事，又似娓娓道来。而第二句中的"欲作家书"，使我们一下子感受到平淡的秋风中所蕴含的游子情怀。就像春风可以染绿大地，带来无边春色一样，使人感到生机盎然。而秋风中却蕴含着寂寥肃杀之气，带来的是凄凉摇落之感，怎能不勾起漂泊他乡的游子孤独寂寞的情怀，引发他对家乡、亲人的深切思念呢？一个"见"字蕴含着多么丰富的想象啊！而"意万重"又写出诗人在写信时心里涌起千愁万绪、千言万语，竟不知从何说起，该如何表达。诗人没有明言，而是让读者去想象，这就叫含

119

蓄不尽，耐人寻味，从而使读者深切地感受到诗人浓郁的思乡情。最后两句"复恐匆匆说不尽，行人临发又开封。"对诗人的心理及动作描写刻画得更加细致入微，诗人并没有写信的内容，而只写了寄家书这个细节，千言万语，唯恐遗漏一句，更加突显出他对这封"意万重"家书的重视和对亲人的深切思念。

## 处暑吃鸭说法多

处暑到来，表示炎热的暑天就要结束了。在我国许多地方，处暑意味着凉秋的开始，这期间的气候特征是昼夜温差大、昼暖夜凉，降水少。人们容易出现"秋燥"现象，因此，在饮食上要遵从处暑时节润肺健脾的原则，常吃些清热、去火的食物。鸭肉营养丰富，富含蛋白质、维生素 E 等，它味甘性凉，具有滋阴补虚，清热润燥之功效，非常适合处暑之际食用。那么，民间处暑吃鸭子的习俗还有哪些说法呢？

据说，这个习俗与中元节有关，有种说法是因为"鸭"的谐音为"压"，吃了鸭子就能压住这天游走的鬼魂了，因此，鸭子也被专作祭祀之用。祭祀仪式结束后，人们便把剩下的鸭子"散福"分给各家，与大家分享吉利与好运，正所谓"处暑送鸭，无病各家。"显然这只是一种迷信的说法。而民俗专家则认为，从前的广西农村在种稻谷之前，每户人家都会买上一些鸭子回来养，在收割完稻谷后，他们通常把鸭子放到稻田里，让鸭子吃掉田里剩余的谷子和蚯蚓。而播种晚稻的时候，正值处暑时节，鸭子最为肥美营养，农民为了犒劳自己，开始杀鸭子过节。由于古代人们生活比较贫苦，也许只有到节日时才舍得杀鸭子吃。久而久之，也就形成了处暑吃鸭子的传统，这个习俗一直流传至今。我国各地鸭子的做法也是五花八门，如白切鸭、荷叶鸭、百合鸭、柠檬鸭等，最有名是以北京"全聚德"为代表的挂炉烤鸭，以"便宜坊"为代表的焖炉烤鸭，还有南京盐水鸭、扬州三套鸭、四川樟茶鸭、武汉鸭脖等等。

1. 处暑谷渐黄，大风要提防。

处暑节气，稻谷逐渐变黄，在收获之际，更要提防大风。

2. 处暑天不暑，炎热在中午。

处暑节气早晚凉，中午炎热，白天和夜间温差大。

3. 处暑高粱遍地红。

处暑节气高粱成熟，遍地是火红的高粱穗。

● 处暑满地黄，家家修廪（lǐn）仓。

● 处暑好晴天，家家摘新棉。

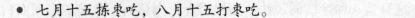

- 七月十五拣枣吃，八月十五打枣吃。

- 处暑雨，粒粒皆是米（稻）。

- 处暑不锄田，来年手不闲。

# 白露

节气释义

　　白露是二十四节气中的第十五个节气，一般在每年公历9月8日前后交节。《月令七十二候集解》中有这样的表述："八月节阴气凝重，露凝而白也。"在此节气中，气温迅速下降，阴气逐渐加重，早晚温差达到十几摄氏度，白天阳光灿烂，夜晚寒气袭人。夜间空气中的水汽遇冷凝结成了细小的水滴，密集附着在小草、树叶或者花瓣上。第二天清晨，在太阳光的照射下，白色的小水滴更加晶莹剔透，煞是惹人喜爱，因而得"白露"美名。

　　白露时节，天高云淡，气爽风凉，是一年中令人心旷神怡的节气。西风乍起，大雁南飞，似乎在告诉人们：仲秋了，天气已经转凉。进入白

露节气后，冬季风逐渐代替夏季风，多吹偏北风，冷空气南下逐渐频繁，这时往往会带来一定范围的降温幅度。人们常用"白露秋风夜，一夜凉一夜。"这样的谚语来形容气温下降速度加快的情形。二十四节气中，全国的降水总量减少最多的是寒露，其次便是白露。此时，我国北方地区秋高气爽，天气干燥，降水明显减少。部分地区则可能出现秋旱，特别是山林地区，空气干燥，风力加大，森林火险开始进入秋季高发期。白露为典型的秋季气候，早晚温差大，要及时添加衣服，特别需注意脚部的保暖。所以，有"寒从脚起，从头散"的说法。

## 白露三候

初候，鸿雁来。

二候，玄鸟归。

三候，群鸟养羞。

白露过后，气温下降快，天气开始变冷。大雁要飞向温暖的南方，躲避寒冷。百鸟开始贮存干果、粮食准备过冬。

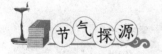 节气探源

### ∞ 白露点秋霜

白露既是作物成熟与收获的季节，也是越冬作物准备播种的季节。白露节气过后，北方冷空气的势力不断增强并逐渐南

下，白天和夜晚的温差日益加
大。这种昼暖夜凉的环境，不
仅有利于"白露"的形成，而
且有利于作物中的营养物质向
籽粒运送和积累，促使作物迅
速成熟，迎接丰产。不过这段
时间较短，由于气温越降越低，
秋霜也很快就降临大地。农耕

人们经常说"白露点秋霜"，意思是说农作物在经受两三次这种
"白露"凉冷的刺激以后，叶子由绿色开始变成黄色，并逐渐停
止生长发育，如同遭受一场轻霜的危害一样，对农作物的生长
较为不利，所以，人们又总结出一条"三场白露一场霜"的农
谚来。

　　白露时节，富饶辽阔的东北平原开始收获谷子、大豆和高
粱，大江南北的棉花正在吐絮，进入全面分批采收的季节。西
北、东北地区的冬小麦开始播种，农民特别要抓紧做好病虫害的
防治工作。白露后的天气有利于蔬菜育苗，而果树要加强修剪、
施肥、采摘。此时，果园里红彤彤的枣子已经成熟，露出一张张
灿烂的笑脸，挂在一片片树上等待果农去采摘。房前屋后一棵棵
桂花树飘散着迷人的芳香，给人带来清新的享受。一个春夏的辛
勤劳作，经历风风雨雨，终于送走了高温酷暑，迎来了气候宜人
的收获季节，怎能不叫人感到格外欣喜？

## ✥ 白露需饮白露茶

　　民间有"春茶苦，夏茶涩，要喝茶，秋白露。"的说法。白
露茶其实不是一种茶叶的品种，而是对白露前后所产茶叶的统一

称呼。茶树经过夏季的酷热，到了白露前后会进入最佳生长期，因此，白露茶不像春茶那样鲜嫩，耐不起久泡；也不像夏茶那样味苦、干涩，它是一种浓郁、醇厚的味道。相传古人会托着青色瓷盘，在清晨时分，将一颗颗晶莹的露珠收入到盘中，然后用露水来煮"白露茶"。

现今饮用白露茶成为一种习俗。白露茶之所以好喝，主要是因为白露时节秋高清爽、天气干燥、昼热夜寒，这样的气候促进茶树形成丰富果胶，并赋予浓烈香型，给予茶汤稠滑、醇厚的口感，而更重要的是在白露茶的制茶季，整月都是好天气。白露茶不仅味道独特，口感醇厚、顺滑、甘甜，还有奇特的养生效果。到了白露前后，喝点白露茶，解渴、防燥又提神，十分有利于秋天的保健。

## ✳ 秋露酿米酒　赐福祈丰收

白露过后，秋夜渐凉，露水渐多，稻谷成熟。古人认为，相比于雨水与雪水，露水是最好的天然水，而白露时节的露水为最好。所以，古人会把新收割的稻谷和新鲜的水果蔬菜，加上白露时节在荷叶上采集的露水，再配上糯米、高粱等五谷，酿造成温中含热、略带甜味的米酒，供奉于神灵面前，虔诚地进行祭拜，请求上天赐福于民，并祈祷来年是个丰收年。

旧时苏浙一带，乡下人家每年白露一到，家家酿酒，用以招待客人，有人还常常把白露米酒带到城市中。

直到二十世纪三四十年代，南京城里卖酒的小店还有散装的白露米酒。

## 月夜忆舍弟

（唐）杜甫

戍鼓断人行，秋边一雁声。

露从今夜白，月是故乡明。

有弟皆分散，无家问死生。

寄书长不避，况乃未休兵。

**名师点拨** ●

这是唐代大诗人杜甫所作的一首五言诗，也是一首思乡之作。杜甫生活在唐代中期，安史之乱迫使他经历了颠沛流离的苦难岁月。唐乾元二年即公元 759 年秋天，诗圣杜甫携家眷从长安到成都途中，客居秦州、天水等地，以诗歌形式记录了唐代社会由盛而衰的巨大变化。他坎坷的一生与秦州结下了不解之缘，这首诗正是他在秦州所作，此时他的几个弟弟也正分散在这一带，由于战事阻隔，音信中断，生死未卜。这一切使他陷入深深的忧虑和思念之中，既怀家愁，又忧国难，真是别有一番滋味在心头。全诗托物咏怀，体现出诗人对亲人的思念，对苦难人民的同情，以及对战争的控诉。

这首诗的首联描绘出一幅凄凉的边塞秋景图，沉重单调的鼓声和天边孤雁的叫声，衬托出边塞的荒凉、沉寂，更为"月夜"

渲染一种压抑的氛围。颔联既写出景色，又点明了时令。"露从今夜白"即"白露节"，表明天气渐凉，夜间水汽凝结，使人顿生凄凉之感。"月是故乡明"则表现出诗人深切的思乡之情。这两句采用移情的手法，诗人要表达的意思不过是"故乡月明""今夜露白"，他只是将词序一换，语气便分外矫健有力。这是诗人在自然景物描写中融入了自己主观想象，是诗人思乡怀亲情感的自然流露。最后两联，诗人由望月怀远，自然引出对弟弟的思念，也揭示出安史之乱给人民带来的痛苦和灾难。愁思中夹杂着生离死别的焦虑和不安，字里行间暗含对现实的不满和对百姓的同情。全诗对仗工整，情景交融，耐人寻味，因此成为五言律诗中的典范之作。

## 趣谈龙眼与桂圆

　　白露时节的民俗有许多，福建福州有个传统习俗是"白露必吃龙眼"。意思是说：在白露这一天吃龙眼，具有大补身体的疗效。还有句俗话叫"白露吃龙眼，一颗顶只鸡。"大意为：白露时节吃一颗龙眼，相当于吃一只鸡那么补。这话听起来感觉虽然太夸张，不过福州人在白露这天吃龙眼的习俗由来已久。据科学考证，龙眼确实有益气补脾、养血安神、润肤美容等多种功效，还可以治疗贫血、神经衰弱等多种疾病。白露时节，龙眼完全成熟，个大核小，甜度最高，口感最好，也是应季水果。龙眼的名称从何而来？它与桂圆又有什么关系呢？

龙眼，别称桂圆、益智，是我们日常生活中很常见的一种水果，现在主要分布在广西、广东、福建和台湾省。人们通称桂圆鲜果为龙眼，龙眼焙干后为桂圆。因此，二者没有实质上的区别，实际上是同一种水果。龙眼原产我国南方，栽培历史可以追溯到两千多年前的汉代，北魏贾思勰《齐民要术》中记载："龙眼一名益智，一名比目。"古代列为重要贡品。魏文帝曾昭告群臣："南方果之珍异者，有龙眼、荔枝，令岁贡焉。"关于龙眼名称的来历，说法众多，古书上"龙眼"一名没有清楚的来源，可能最早因为是皇室贡品而得名"龙眼"。还有一种说法，如果把龙眼果肉剥开，中间会露出黑色发亮的果核，外面白、中间黑亮，就像一颗眼睛，特别像古画中黑龙的眼睛，外白中间滴溜儿圆，因此称为龙眼。而晒干后是桂月（桂月也就是农历八月）收成的圆形果实，便称为桂圆。还有一则有趣的传说故事：相传古时候，有一条恶龙经常兴风作浪，摧毁农田，冲坏房屋。有一名英武的少年名叫桂圆，他决心为人民除害。他独自一个人与恶龙搏斗，用钢刀刺出恶龙双眼，恶龙因流血过多而死，桂圆也因为伤势过重而去世。乡亲们将龙眼和桂圆埋在一起，第二年便长出两棵大树，树上结出一个个圆圆的果实，果核黑亮，果肉晶莹剔透，极像龙眼。于是，称这两棵树为"龙眼树"，称果实为"龙眼"，又名"桂圆"。

1. 白露里雨，好一路来坏一路。

白露时节下雨，对于稻区而言是好事，但对于棉区而言是坏事。

2. 白露秋风夜，一夜凉一夜。

白露过后的秋天，一天比一天冷。

3. 喝了白露水，蚊子闭了嘴。

白露天气变冷后，蚊子开始逐渐变少。

### 谚语荟萃

- 白露白茫茫，谷子满田黄。
- 白露不抽穗，寒露不低头。
- 白露下南瓜，立冬卧白菜。
- 白露后，不长肉。
- 草上露水凝，天气一定晴。
- 白露播得早，就怕虫子咬。
- 头白露割谷，过白露打枣。
- 白露谷，寒露豆，花生收在秋分后。
- 白露节，棉花地里不得歇。

# 秋分

## 节气释义

　　秋分是二十四节气中的第十六个节气，在每年公历9月23日前后交节。古籍《春秋繁露》对秋分日有这样的表述："秋分者，阴阳相半也，故昼夜均而寒暑平。"意思是秋分日居于秋季九十天的中间，秋分日平分了整个秋季，此时一天24小时昼夜均分，秋分过后，阳光从直射赤道位置向南移，北半球昼短夜长。

　　从节气上看，春种秋收，春华秋实，秋分时节硕果累累，最能体现丰收。此时秋高气爽，既是秋收、秋耕、秋种的重要时节，也是稻谷飘香、蟹肥菊黄、踏秋赏景的大好时节。2018年6月7日，国务院将每年的农历秋分设立为"中国农民丰收节"。这是

第一个在国家层面专门为农民设立的节日。

秋分时节的到来，意味着我国大部分地区的气温开始下降，大雁等一些候鸟开始成群结队地由逐渐寒冷的北方飞往南方过冬，壮美的秋日风光与整齐的大雁队伍构成了一幅引人入胜的水彩画。由于秋分时节昼夜气温差异很大，人们纷纷穿上外套来抵御秋风带来的阵阵寒意。俗话说："一场秋雨一场寒"，尽管此时的降水量并不是很大，却经常是连绵不断，雨下个不停，温度也会随之持续走低。秋高气爽，万里无云，加之月圆，由此古人便将"祭月节"安排在秋分这一天。除此之外，一系列如"吃秋菜""送秋牛"这样的传统活动，也为秋分节气增添了几分文化的气息。而对于勤劳的农家来说，秋分也正是一年中大好的收获时节，人们纷纷在田间地头忙碌着，全国上下沉浸在丰收的喜悦当中。

## 秋分三候

初候，雷始收声。

二候，蛰虫坯户。

三候，水始涸。

古人认为雷是因为阳气盛而发声，秋分后阴气开始旺盛，所以就不再打雷了。由于天气变冷，蛰居的小虫子开始藏入穴中，它们用细土将洞口封起来，以防寒气侵入。此时降雨量开始减少，天气干燥，水汽蒸发快，所以，湖泊与河流中的水量变少，一些沼泽及水洼处便处于干涸之中。

## ☙ 秋分时节农家忙

　　秋分时节，我国的大部分地区都已经迎来了凉爽的秋季，随着绵绵秋雨的到来，气温也一次次地下降。在这秋高气爽的时节，田间的耕作肯定是少不了，民间有"夏忙半个月，秋忙四十天"的说法，因此，这个时节对于农家来说，显得更加忙碌。我国的华北地区有这样的农谚："白露早，寒露迟，秋分种麦正当时。"意思是秋分前后，对于华北地区来说，正是种植冬小麦的时候。在江南地区，水稻的种植则到了黄金时期。"秋分天气白云来，处处好歌好稻栽。"在农田里辛勤劳作的人们，望着天空中飘过的朵朵白云，耳边回响着家乡的民歌，微凉的秋风让人倍感清爽，多么祥和，多么安逸。

　　秋分时节降温速度较快，而低温则不利于作物的生长，因此，秋收、秋耕、秋种这些农活就必须赶在气温下降之前完成，使得秋分时节的农事时间变得紧张起来。《四月民令》中写道："秋分中中田，后十日中美田。"此时的农事贵在一个"早"字，农家在这时一方面要及时地去抢收秋收的作物，以免作物受到低温霜冻和连绵阴雨的影响，还要适时地播种冬作物，及时培育能够安全越冬的壮苗，为来年的丰产做好准备。"秋分不露头，割了喂老牛"，意思是若不及时耕种培育的话，原本能有收获的秧

秋

秋分

133

苗，也只能作为老牛的草料了。为了避免这种情况的发生，农家都会认真做好预防工作，不敢有丝毫的马虎。

## ∞ 秋分与"月"的不解之缘

据说在古时，秋分曾作为"祭月节"存在过，最早可追溯到距今已有两千多年的周朝，《周礼》中便规定了"两分祀日月"的制度。古代的帝王遵循着"春祭日，秋祭月"的传统，在秋分这一天祭祀月亮，祈求月神降福于人间，以保国泰民安。《礼记》中记载："天子春朝日，秋夕月。朝日之朝，夕月之夕。"这里所说的"夕月之夕"，指的就是在夜晚祭月的活动。明代嘉靖皇帝在1531年秋分这一天，亲自举行了祭祀典礼，祭祀场地正是现今北京的月坛，这意味着沿袭了两千多年的祭月仪式，终于有了一个专门的祭祀场所。

随着社会的发展，"祭月"这项原本为宫廷和贵族所奉行的习俗，逐渐影响到了民间，普通百姓也依照传统，在秋分这一天围绕"月"开展一系列的活动。然而，现今人们一说起"赏月"，首先想到的便是"中秋"，而非"秋分"，那么，这又是为何呢？原来是因为秋分尽管在每年农历的八月，可具体的日子却不固定，这就造成在秋分当天，天上挂的并不一定是满月。"祭月"时无满月，活动似乎难以开展下去，于是，后来的人们便将"祭月节"由秋分调至了中秋，时间也固定在了每年的农历八月十五，因为相比较其他几个月，八月十五的满月要更圆一些。自此开始，这一风俗算是真正地走入了寻常百姓家。每年到了这一天，人们纷纷与家人团聚，一边吃着可口的月饼，一边欣赏着玉盘似的满月，喜悦之情油然而生。于是，中秋节也就慢慢取代了那个同样与"月"有关的节气——秋分。

## ☙ 秋风明月中看文化

秋分作为平分秋季的节气，加上农事活动频繁，因此，格外受到人们的重视，这也体现在这一时期丰富的文化习俗上。

古时，秋分时节一到，市面上便会出现挨家挨户送秋牛图的景象。所谓的秋牛图，就是在红色或黄色纸上印上全年二十四节气和农夫耕田的图示，这些送秋牛图的人可都不简单，全都是民间那些能说会道、口齿伶俐的人。他们一来到人家门前，便会发挥他们的特长，把和秋耕有关的吉祥话说个遍，直到把主人说开心了，从腰包里掏出赏钱给他，这才算完事。而这些看似随口而出的话，听起来还都句句押韵，难怪人们会喜欢。

在秋分这一天，农家在结束了一天的辛勤劳作后，便纷纷回到家中做汤圆。我们都知道香甜可口的汤圆是由糯米制成的，因此吃起来黏性比较大，这样便衍生出了它的另一个妙用。农家在吃完汤圆后，会另包二三十个"空心"的汤圆，用细竹签把它们穿好放到田间，给麻雀一类的鸟来吃，目的是把它们的嘴粘住，使它们无法破坏地里的庄稼。也许现实中这些鸟并不会对汤圆感兴趣，但秋分"粘雀子嘴"作为一个有趣的传统，却被保留了下来。

"秋菜"是一种野菜，农家称之为"秋碧蒿"，岭南地区的人们有秋分时节"吃秋菜"的习俗。在秋分这一天，全村的人都会到田野中去采摘这种野菜，这时的秋菜如巴掌长短，人们会将采回来的秋菜和鱼片放一起"滚汤",名之曰"秋汤"。"秋汤灌脏,洗涤肝肠。阖家老少,平安健康。"一碗热汤寄托了人们对于健康快乐的祈求,而实际上"秋汤"也的确与中医所倡导的秋天进补相符合,且更具有土生土长的味道。此外,老北京人在秋分这一天还讲究吃芋饼。芋头是一种高热量、易消化的食物,营养价值很高,有助于在持续降温的季节里补充能量,因此,很适宜在秋分时节食用。

## 夜喜贺兰三见访

（唐）贾岛

漏钟仍夜浅,时节欲秋分。

泉聒栖松鹤,风除翳月云。

踏苔行引兴,枕石卧论文。

即此寻常静,来多只是君。

**名师点拨**

唐代著名诗人贾岛在这首诗中写道:自己在夜晚喜遇友人贺兰,并与之畅游山间,而故事发生的时间就是临近秋分的时候。古人在当时是用一个漏壶作为时钟,依据壶中水位的高低,判断此时还未入深夜。在这个幽静的夜晚,居住在山中的诗人从渐凉的天气中,感觉到秋分将要到来了。山间泉水的流动惊醒了即将入梦的松鹤,徐徐秋风吹散了笼罩于天空的阴云。秋高气爽,让人倍感舒适,诗人与挚友踏着山间小路上的苔藓,秋夜的美景勾起了二人创作的兴致，于是枕着泉水边的大石头，一起讨论起文章来。无丝竹乱耳，亦无案牍劳行，此时的寂静与闲适属于二人。

贾岛的前半生是在寺庙中度过的，丰富的僧侣生活经历使得他的作品"禅意"浓浓，而秋天的景致恰巧又为其创作提供了素材。抬头仰望，万里无云，有的只是繁星与皓月，这与秋分前后秋风渐起有着密不可分的关联。秋夜是静谧的，以至于淙淙流水都显得有些许吵闹。如此的景致对于长期居住在山中的贾岛来说，似乎已经习以为常，难得的却是友人的拜访。贺兰是一位僧人，二人在经历上的重合促成他们心灵上的交汇，二人也懂得如何享受这份幽静。天朗气清，泉水潺潺，皓月当空，加之友人相伴，让诗人感到无比惬意。然而与他有同样想法的人还有谁呢？想必也只有身边的这位友人了，因为僧人贺兰多在这种静夜前来拜访，大概这就是所谓的心有灵犀吧。

## 秋分与"老寿星"

在我国民间传说中，有一位神仙叫"南极仙翁"，他被人们称为"老寿星"。相传他长得慈眉善目，平日里和蔼可亲，最引人注目的是他那硕大的脑门儿，他被看作是长寿的标志，人们由此便可以一眼将其认出。相信这位神仙能够带来平安祥和。

传说中的老寿星与秋分时节又有何联系呢？这就要从我们国家的地理位置说起了。因为我国地处北半球，因此在一年之中，

只有在秋分之后才能够看到"南极星",而"南极星"则被看作是"南极仙翁"的化身。由于每次"南极星"的出现都是一闪而过,很难捕捉到,十分难得,因此,古人将其看作是福瑞的象征。在民间是如此,宫廷之中也同样不例外,古代的皇帝会选择在秋分当日的一大早,带着满朝文武大臣来到皇城外的南郊去迎接这位"老寿星",如若有"寿星"出现,则意味着天下太平。

作为中国古代最受人瞩目的一颗明星,他被历朝历代所敬重,更是成了长寿老人的代名词,人们纷纷祭祀这位仙人以求长寿。东汉明帝在位的时候,就曾主持过一次大型的祭祀"寿星"活动。在仪式当中,明帝亲自去奉献贡品,表达充满敬意的言辞。仪式过后,他还举办了一次特殊的宴会,宴请的都是年过古稀的老人,无论是王公贵族,还是平民百姓,只要年满七十岁,就有资格成为皇帝的座上宾。皇帝为老人们准备了丰盛的宴席,酒足饭饱之后,汉明帝还赠送给老人酒肉、米谷,以及一根制作精美的手杖,祝愿老人们能够像"南极仙翁"一样长寿。尊老是中华民族的传统美德,汉明帝为天下人做出了表率。

经典谚语

1. 秋忙秋忙,绣女也要出闺房。

秋分时节农家十分忙碌,就连平时只会做刺绣的姑娘,都要走出房间去田地里帮忙。

2. 勿过急，勿过迟，秋分种麦正适宜。

秋分时节种植麦子是再合适不过的了，不能过于早，也不要过于晚。

3. 秋分秋分，昼夜平分。

秋分这一天，白天和黑夜的时间是等长的。

谚语荟萃

- 白露过秋分，农事忙纷纷。

- 秋分见麦苗，寒露麦针倒。

- 早谷晚麦，十年九害。

- 秋分日晴，万物不生。

- 秋分秋分，雨水纷纷。

# 寒露

节气释义

　　寒露是二十四节气中的第十七个节气，一般在每年公历的10月8日或9日交节。所谓寒露，又可理解为"露寒"，《月令七十二候集解》中说道："九月节。露气寒冷，将凝结也。"意思是此时野外的露水变得更冷，甚至开始结霜，有"霜"自然"寒"，"寒露"的名字也由此而来。不少植物随着寒气的来临而逐渐凋零衰落，这便直接反映出该节气最主要的气候变化，即气温下降明显。此时我国东北地区已经进入深秋，伴随着瑟瑟的秋风，部分地区甚至已经能够看到零星的雪花，而对于相对温暖的南方地区而言，此时才可以算是真正进入到秋季了。

　　寒露时节，秋高气爽，白云红叶，满是深秋的景象。加之适逢重阳佳节，登高远望，这对于人们来说，似乎成了一项必不可少的活动。放眼望去，层林尽染，如诗如画，片片红叶在秋风中摇曳，给前来观赏的人们留下了无限的惬意。对于生活在江南地区的人们来说，秋菊在寒露时节开得正盛，"待到重阳日，还来就菊花"，这也成为人们观赏菊花的首选。此外，人们常说"秋高气爽螃蟹肥"，对这一河鲜饶有兴趣的人们，在这深秋时节可以大饱口福了。由于气温下降的缘故，生活在深水区的鱼儿便会主动向气温相对较高的浅水区游动，爱好垂钓的人此时也已摩拳擦掌，跃跃欲试。然而对于农家来说，此时便显得不那么悠闲了，急速下降的气温迫使他们要忙碌起来，准备和时间来一场比赛。

---

## 寒露三候

初候，鸿雁来宾。

二候，雀入大水为蛤。

三候，菊有黄华。

---

大雁排成"一"或者"人"字形，成群结队地飞向南方；雀鸟在深秋时节都不见了，而出现在海边的蛤蜊，它们壳上的花纹及颜色又与雀鸟的很相近，恰如是由雀鸟变成的一般；菊花在此时已经普遍开放了。

 节气探源

## ∞ 与时间赛跑的农家

寒露时节的气温下降较快，人体能够明显感到天气的转凉，

对气候十分敏感的农家自然不会忽视这一变化，此时会更加关注田间作物的生长情况。对于我国大部分地区来说，片片飘落下来的黄叶意味着深秋已真正到来。除了低温之外，此时绵绵的细雨对于农家来说，同样像灾害一样的存在，为了降低损失，提高收益，农事活动在此时会显得十分地频繁。

《清嘉录》中说道："寒露乍来，稻穗已黄，至霜降乃刈之。"说的就是在寒露时节，田间的稻穗已经泛黄，再过一阵子便可以收获了，此时对于农家来说，做好防低温工作就显得尤为重要，所谓"行百里者半九十"，用在这里再合适不过了。在相对温暖的长江中下游地区，秋收工作已然接近尾声，田间的作物大多收割完毕，农家忙于作物的脱粒、翻晒，以便收藏入库。可寒露时节的繁忙却不仅限于此，农谚云"寒露种小麦，种一碗，收一斗"，农家又怎会错过这一播种冬小麦的好时机，纷纷抢种，不得停歇，俗话说："晚种一天，少收一石"，因此，田间地头一派紧张的农忙景象。

"寒露到立冬，翻地冻死虫"，田间劳作的人们在锄地的时候，会将准备在土里蛰伏过冬的昆虫翻至土地的表面，由于气温明显降低，这些田间的害虫会被冻死，这就为来年的耕作提供了帮助。除此之外，人们还会将秸秆作为燃料搬到地里焚烧，目的同样是为来年做准备，因为秸秆里面含有很多利于作物生长的矿物质，燃烧后的灰烬留在土壤当中，这些营养物质便会为来年的庄稼所吸收。但随着时代的发展，人们发现这种粗放的方式弊大于利，对环境的破坏十分严重，因此，如今的农家会利用更为环保的秸秆还田技术，既保护环境，又促进了农业的生产。

## ဆ "寒露"又"重阳"

重阳节是中国的传统节日，一般是在每年农历的九月初九，因此又被称为"重九节"，从时间上来看，与寒露时节密不可分。同时，寒露时节的气候和物候变化，在很大程度上对重阳佳节的活动产生了重要影响。

"登高"可以说是其中最重要的一项活动。金秋时节，秋风送来了凉爽，空气中弥漫着的是清新的气息，夏日的燥热也早已消失不见，此时登高远望，壮美的秋景便尽收眼底，这除了会让人感到心旷神怡之外，也许还会使人浮想联翩。"遥知兄弟登高处，遍插茱萸少一人。"大诗人王维便是由眼前的秋色联想到了故乡的亲人，远方游子的伤感之情也油然而生。作为一项节令性的民俗活动，"登高"起到了锻炼身体、陶冶情操的作用，因此，它深受人们的喜爱，当然这很大程度上更得益于寒露时节的凉爽气候，以及唯美景色。

茱萸，又称"越椒"或"艾子"，是旧时重阳佳节必不可少的一种植物。在唐代，重阳节佩茱萸是十分盛行的传统习俗，因为古人认为在重阳节当天佩戴茱萸，可以起到避邪消灾的作用。在这一天里，人们将茱萸放到香袋之中随身携带，名之曰"茱萸囊"，也有一些妇女和儿童将其直接插在头上，达到装饰的作用。实际上，重阳佩戴茱萸一方面是祈求吉祥，而更主要的目的在于除虫防蛀，这是因为重阳节的前几天常常是秋雨绵绵，天气比较潮湿，衣物容易生霉，而茱萸恰巧有除虫的作用，由此便有了这一风俗。

## ☙ 寒露养生知多少

寒露时节，气温处在不断下降的过程中，北方地区已然呈现出深秋的景象，相对温暖的南方地区此时是秋意渐浓，天气逐渐转凉，昼夜温差很大。为了使人体尽快适应寒露时节天气的变化，注重养生的人们便需要行动起来了。

寒露时节已处于深秋，由于气候干燥的缘故，人们很容易上火，进而引发疾病的发生。因此，这一时期的饮食应当以清淡为主，多食芝麻、糯米一类的柔润食品，同时，适当地增加牛肉、鱼虾、山药一类的食品以增强体质，辣椒和葱姜一类的辛辣食品则要尽量少吃，因为这会加重燥热的症状。除了会感觉到"燥热"之外，此时，人们的身体还会有一种说不出来的倦怠感，这便是人们常说的"秋乏"。而解决这一问题的关键在于调节人体的节律，保证充足的睡眠。

深秋时节天高气清，很适宜进行户外锻炼，增强人们的体质，但前提是要做好保暖工作，及时增减衣物。对于那些抵抗力相对较弱的老人和孩子们来说，则应量力而行，否则很容易着凉生病。俗话说"寒露脚不露"。在寒露时节应当格外注重脚部的保暖，以防"寒从脚下生"。此时应常用热水泡脚，能够起到驱除寒邪的作用，更有助于

人们解"秋乏"。

# 池 上

（唐）白居易

袅袅凉风动，凄凄寒露零。

兰衰花始白，荷破叶犹青。

独立栖沙鹤，双飞照水萤。

若为寥落境，仍值酒初醒。

## 名师点拨

　　唐代著名诗人白居易的诗歌创作，题材广泛而语言平实。本诗是以寒露时节的物候变化为题材来进行描写。深秋已至，凉风习习，带走了炎炎夏日最后残存的暑气，地上的露水也似要凝结成霜。夏日盛开的兰花风光不再，逐渐开始凋零，池中的荷花虽破败不堪，却仍旧微微泛青。放眼望去，一只野鹤孤身栖居在沙滩之上，小小萤火虫在水面之上双双飞舞。眼前出现如此寥落之景，大概是由于诗人刚刚酒醒的缘故吧。

　　秋季在大多数文人眼中是悲凉和孤寂的象征，"自古逢秋悲寂寥"说的就是这个意思。尤其处于深秋，使人心生寒意的便不仅仅是迎面吹来的阵阵秋风，更是眼前的衰败景象，本诗便将诗人眼中的深秋景致描绘了出来。根据"凄凄寒露零"则可推断出创作的时间大约是在寒露时节前后，此时由于气温降低，植物大多凋零衰落，尤以兰花、荷花这类水生植物为甚，但它们并非已

145

经毫无生气，那一小朵白花和微微泛青的叶子便是最好的证明。植物受气候的影响较大，而"独立"的野鹤和"双飞"的萤火虫就更为这深秋增添了萧瑟的意味，本应随群而动的鹤为何会孑然一身，无依无靠？十分耐人寻味。那萤火虫放出阵阵冷光照亮水面，又是何等寂寥之景。也许这眼前的衰败源于诗人醉酒后的不清醒，究竟是虚幻还是现实，就连诗人自己似乎也不清楚，"酒初醒"也不过是诗人自己的猜测，"花非花，雾非雾"，确实出现在眼前的景物看来也难辨其真假啊。

## 秋钓近边

步入深秋，气温下降明显，各类植物走向凋零，失去了夏日的勃勃生机，但对于湖水中的鱼儿来说，此时的气候却是难得的舒适，盛夏的酷暑对它们来说实在是一种煎熬，于是，此时的鱼儿会更加活跃，四处游弋觅食，储备食料以便越冬。寒露时节过后，鱼儿也更容易上钩，更容易被捕获，精通钓鱼的人们自然也就不会错过这一良机。

民间关于秋钓的谚语不在少数，诸如"秋钓阴"、"秋钓潭"、"秋钓边"等，其实都是在强调这一时期钓鱼选好位置的重要性。

在寒露之后的一小段时间，湖水当中向阳的浅水区域由于温度相对较高，浮游生物的数量比较丰富，鱼儿们也由此乐于在这样的地方觅食。对于经验丰富的钓鱼者来说，时间的选择和地点的选择同样重要，因为只有在温度较高的晴好天气里，鱼儿才会相对活跃地觅食。由于深秋早晚气温较低，一般会将垂钓的时间定在上午十点到下午五点之间，此时的温度相对适宜。

经典谚语

1. 寒露有霜，晚稻受伤。

寒露时节气温偏低，出现霜降则会把晚稻冻坏。

2. 寒露时节人人忙，种麦、摘花、打豆场。

寒露时节，家家户户都忙着在田间地头干农活，时时刻刻不得闲。

3. 吃了寒露饭，单衣汉少见。

从寒露时节开始，气温下降明显，人们不能只穿单薄的衣服了，要穿上外套以防着凉。

谚语荟萃

- 寒露到霜降，种麦莫慌怅；霜降到立冬，种麦莫放松。
- 白露早，寒露迟，秋分种麦正当时。
- 棉怕八月连阴雨，稻怕寒露一朝霜。
- 寒露到，割晚稻；霜降到，割糯稻。
- 寒露收豆，花生收在秋分后。

- 要得苗儿壮，寒露到霜降。
- 时到寒露天，捕成鱼，采藕芡。
- 寒露节到天气凉，相同鱼种要并塘。
- 寒露多雨水，春季无大水；寒露少雨水，春季多大水。
- 吃了重阳糕，单衫打成包。

# 霜降

## 节气释义

　　霜降是二十四节气中的第十八个节气，也是秋季里最后的一个节气，在每年公历 10 月 23 日前后交节。霜降的来临意味着冬天即将开始了。古籍《二十四节气解》中说："气肃而霜降，阴始凝也。"可见，霜降的来临表示天气逐渐变冷，开始降霜。

　　霜并非从天而降，若有较强的冷空气南下，地表温度降到 0℃以下，近地面空中的水汽达到饱和，便会在地面或地面物体上直接凝结成白色疏松的冰晶，这样就形成了霜，所以人们说"一叶知霜降"。在气象学上，一般把秋季里出现的第一次霜叫作"早霜"或"初霜"，而把春季里的最后一次霜称为"晚霜"或"终霜"。也有把早霜叫"菊花

霜"的，因为此时菊花盛开，北宋大文学家苏轼有诗曰："千树扫作一番黄，只有芙蓉独自芳。"

霜降时节，冷空气活动开始频繁，气温变化剧烈，花草树木渐渐变得枯黄，枝叶凝霜。人入舍，鸟归巢，大地失去了生机。气肃而凝，露结为霜，一切的一切都在告诉人们，冬天就要来到了。

## 霜降三候

*初候，豺乃祭兽。*

*二候，草木黄落。*

*三候，蛰虫咸俯。*

豺狼将捕获的猎物先陈列后再食用；大地上的树叶枯黄掉落；蛰虫蜷在洞中不动不食，垂下头来进入冬眠状态。

 节气探源

### ☙ 暮秋霜降采收忙

"霜降"一词，最早见于《吕氏春秋》一书。在汉时《淮南子》中，已把"霜降"定为二十四节气之一。但"霜降始霜"只是指黄河流域的节气，并不是所有的地方都会有霜，霜的产生离不开冷空气的影响。在纬度偏南的我国南方地区，霜降期间平均气温多在16℃左右，在华南南部河谷地带，要到隆冬时节才能见

霜。淮河、汉水以南，青藏高原东坡以东的广大地区，霜期不到两个月。北纬 25° 以南和四川盆地的全年霜日只有 10 天左右，福州以南及两广沿海平均年霜日不到 1 天，西双版纳、海南省和台湾南部及南海诸岛则是无霜降的地方。可见"夏虫不可语冰，南人不可语霜。"但这个节气的变化仍为中国人记取了。

霜降节气，农业生产非常关键，有民间谚语说："霜降见霜，谷米满仓。"意思是霜降日见霜，来年就会是个丰收年，米多得都装满了粮仓。"霜降播种，立冬见苗。"寓意霜降时节撒下的种子，立冬之时就能长出苗，提醒人们不要耽误农时。霜降节气期间，北方大部分地区已在秋收扫尾，即使耐寒的葱，也不能再长了，因为"霜降不起葱，越长越要空。"华北地区的大白菜也即将收获，进入了后期管理时期。而南方却是"三秋"大忙季节，单季杂交稻、晚稻进入收割期；种早茬麦，栽早茬油菜，摘棉花，拔除棉秸，耕翻整地。"满地秸秆拔个尽，来年少生虫和病。"收获以后的庄稼地，还要把秸秆、根茬及时收回来，因为那里潜藏着许多越冬的虫卵和病菌，会影响来年的庄稼。所以说暮秋霜降，秋收、秋耕、秋种忙。

## ∞ 冷霜登高行狩猎

霜降是中国人非常重视的一个节气，自古就有霜降时节登高远眺的习俗。登高可使肺的功能得到舒畅，同时，登至高处极目远眺，天高云淡，枫叶尽染，赏心悦目，令人心旷神怡。明朝后，更是形成了许多有关霜降上陵祭祀、祭旗纛（dào）神、斗鹌鹑等习俗。霜降这天，杭州盛行祭旗纛神活动，先在帅府致祭，然后军士们持各种兵器在锣鼓的引导下绕街迎神，他们骑马表演各种名目的武术技艺，热闹非凡。霜降后，树叶落尽，鸟

兽不易躲藏，山泽路径则容易辨认，因此便有了狩猎的习俗。年轻力壮的人常带着猎具和鹰犬，大举狩猎，汉代法律对于捕杀豺虎还有奖励。霜降后，民间还有斗鹌鹑的习俗，在南北方都很盛行。《北京岁华记》中说，北方人在霜降后斗鹌鹑，会将鹌鹑笼在袖中，如同捧着珍宝。南方人大多在晚上斗鹌鹑，决胜负。讲究的人用彩绪做平底袋，以皮手套将鹌鹑把在袖中，以此作为消遣。清代的蔡铁翁有诗道："辛苦霜天斗瘦鹌。"

除了各种庆祝活动，在我国的一些地方还有霜降时节吃柿子的习俗。"霜降摘柿子，立冬打软枣。"柿子一般是在霜降前后完全成熟，过去普通人家在霜降节气这天，都会买一些苹果和柿子来吃，寓意事事平安。而商人则买栗子和柿子来吃，寓意是利市。这些民俗都饱含着人们对美好生活的向往。霜降时节的柿子皮薄无核，肉丰蜜甜，是非常不错的霜降食品。闽台人在霜降这天都要吃个红柿，认为这样不但可以御寒保暖，同时还能补筋骨。许多地方更是有"一年补透透，不如补霜降"的说法，足见这个节气对人们的影响。

## ❧ 霜降与霜冻

深秋时节寒意越发浓重，特别是霜降之后，还可能出现霜冻。"霜降""霜冻"听起来像双胞胎，其实这是两个概念，它们之间的差别可是很大的。霜降是秋季到冬季的过渡节气，霜是在天气越来越寒冷时，近地面空中的水汽在地面或地面物体上直接凝华成白色松散的冰晶。随着霜降的到来，不耐寒的作物已经收获或者即将停止生长，草木开始落黄，呈现出一派深秋景象。而霜冻是指在生长季节里，夜晚土壤表面温度或植物冠层附近的气温短时间内下降到0℃以下，植物表面的温度迅速下降，植物体内水分发生冻结，代谢过程遭受破坏，细胞被冰块挤压而造成危害。发生霜冻时，植物是因为低温受到危害，不单单是因为霜对植物造成危害。如果空气相对湿度低，就不一定能见到"白霜"，霜冻同样会发生，通常人们也把见不到"白霜"的霜冻称为"黑霜"。根据霜冻发生的季节，人们把秋收作物尚未成熟，露地蔬菜还未收获时发生的霜冻叫"早霜冻"或"秋霜冻"。把春播作物苗期、果树花期、越冬作物返青后发生的霜冻，叫"晚霜冻"或"春霜冻"。随着温度的升高，晚霜冻发生的频率逐渐降低，强度也减弱，但是晚霜冻发生得越晚，对作物的危害也就越大。可见霜降仅仅是一个节气，而霜冻是与植物受害联系在一起，没有植物的地方，就不会有霜冻现象发生。

## 山　行

（唐）杜牧

远上寒山石径斜，

白云生处有人家。

停车坐爱枫林晚，

霜叶红于二月花。

名师点拨

这是杜牧的一首描写和赞美深秋山林景色的七言绝句，为我们展现了一幅美丽的深秋山林景色：充满寒意的晚秋季节，一条蜿蜒的青石小道绵延不断地伸展，顺着那高缓深远的山势，向着那山峦而去。在那白云缭绕升腾的地方，就有炊烟袅袅的山里人家。由于夕照枫林的晚景太过迷人诱人，诗人喜爱之极，流连忘返，到了傍晚还舍不得登车归去。霜染的红叶如满山云锦，似艳丽彩霞，竟然比江南早春二月的鲜花还要红艳。不难发现，作者抓住山路、人家、白云、红叶这些景物，构成了一幅和谐的画面。特别是最后一句"霜叶红于二月花"是全诗的中心句，前三句的描写都是在为这句铺垫和烘托。一个"霜"字，带给了我们无尽的遐想，霜降之后，莹白的冰霜与鲜红的枫叶形成了鲜明的对比，透过这冰霜，枫叶的红更加夺目，更加绚丽，给人一种精神的启迪与振奋。所以这里诗人不用"红如"，而用"红于"，这种经霜之后的美则是春花所不能比拟的，不仅仅是色彩更鲜艳，而是更能耐寒，经得起风霜考验。难能可贵的是，诗人通过这一片红色，看到了一种热烈的、生机勃勃的景象。这首小诗不只是咏景，更是咏物言志，是诗人内在精神世界的表露、志趣的寄托，因而能给读者启迪和鼓舞。

## 丰富多彩的壮族霜降节

在我国的广西下雷镇，有"壮族霜降节"。由于下雷镇所处的特殊地理位置和悠久的土司文化，使霜降节由单纯庆丰收节庆活动，发展成为祭祀民族英雄、进行商贸活动、民俗文化表演的综合性民俗活动。

"壮族霜降节"举办时间定在每年公历的 10 月 23 日前后"霜降"期间。节庆持续三天，分为"初降"（或称"头降"）、"正降"与"收降"（或称"尾降"）。

初降这一天，传统上主要是敬牛，这一天让牛休息。人们一早就开始忙碌做粽子、糍粑，杀鸡宰豚，准备款待来自四面八方的亲戚朋友。

正降这一天，主要是祭祀民族英雄和霜降歌节活动。相传土司第十四世许文英，其妻岑玉音为湖润土司的女儿，曾和其夫于清末一道骑牛到闽越沿海抗倭（一说抗安南）。因为岑玉音是骑着牛去打仗的，所以被称为"娅莫"，"娅"是壮语里对老年妇女的称呼，"莫"即黄牛。岑玉音抗侵略凯旋之日正值霜降节，为纪念许文英及岑玉音，下雷镇人民建起玉音庙（娅莫庙），逢霜降日，民众扛着玉音的画像举行游神活动。关于岑玉音的事迹有两种不同的传说，一说壮族妇女岑玉音箭术高超，勇敢过人，曾带兵去广东、福建沿海一带抗击倭寇。她用兵果断，料事如神，多次打败入侵的倭寇，得到皇帝的封赏，最后她解甲回乡，直到逝世。人们因她曾在霜降这一天大败倭寇，所以在这一天举行祭祀以示纪念，逐渐形成为霜降节。另一说是她和丈夫一起，为保卫壮族人民的安宁及财产，率兵抵御入侵之敌，于霜降之日大获全胜，故当

地百姓庆祝三天，定为节日。每逢霜降的前一天，各地壮胞都到下雷镇附近各村寨借宿，次日清晨到玉音庙进行拜祭。群众祭祀完后归来，就进入丰富多彩的文体活动时间。人们搭起舞台，演上土戏（壮戏）。年轻人三三两两地对起山歌，对歌活动一直持续到第二天的尾降，形成规模宏大的霜降歌圩，欢度怀念民族英雄的节日。

在壮族霜降节中，最值得一提的是壮族板鞋舞。相传板鞋舞源自明代嘉靖年间，壮族女英雄瓦氏夫人率领广西郎兵赴浙江抗击倭寇时，她用三人缚腿赛跑的方法训练郎兵，使得军纪严明、同心协力，后来便演变成这种有趣的运动了。

壮族霜降节的产生与当地一年的生产规律有关，是一种地域文化，同时也是壮族特有的一种民族文化，它承载壮族土司文化、反侵略斗争的历史记忆。

经典谚语

1. 霜降播种，立冬见苗。

霜降时节撒下的种子，立冬之时就能长出苗子。提醒人们不要耽误农时。

2. 寒露早，立冬迟，霜降收薯正适宜。

寒露时节收获番薯太早，立冬却太迟，霜降时节正是收获地里番薯的好时候。

3. 一朝有霜晴不久，三朝有霜天晴久。

这条谚语告诉我们这样一个气象小知识：一天早晨有霜，天气晴的时间不长，三个早晨有霜，晴天时间维持得会比较长。

- 霜降一过百草枯，薯类收藏莫迟误。

- 轻霜棉无妨，酷霜棉株僵。

- 霜降拔葱，不拔就空。

- 霜降不摘棉，霜打莫怨天。

- 寒露种菜，霜降种麦。

- 霜重见晴天，霜打红日晒。

- 浓霜毒日头。

- 严霜出毒日，雾露是好天。

- 雪打高山霜打洼。

冬

# 立冬

节气释义

　　立冬是二十四节气中的第十九个节气，也是冬季的第一个节气，于每年公历11月7日或8日交节。"立冬"是冬天的开始吗？《孝经纬》曰："斗指乾，为立冬。冬者，终也，万物皆收藏也"。追根溯源，古人在这里对"立"的理解与现代人一样，是"建立、开始"的意思，但"冬"字就不那么简单了，它在这里的意思是"终、完毕"。它告诉我们冬季自此开始，秋季作物全部收晒完毕，收藏入库，此时草木凋零、动物蛰伏，天地万物都趋于休止，开始养精蓄锐，为春季的勃发做着准备。

　　立冬过后，日照时间将继续缩短，正午时分太阳的高度也会继续降低。由于我国幅员辽阔，气温和降水的组合多种多样，便形成了很多种气候，所以，不同地区正式进入冬天的时间也不尽相同。气候学划分四季的标准，是以下半年平均气温降到10℃以下时为冬季，那么"立冬为冬日始"的说法与黄淮地区的气候规律是基本吻合的。但在我国最北部的漠河及大兴安岭以北地区，

9月上旬就早已进入冬季；首都北京于10月下旬就已经是一派冬天的景象；长江流域的冬季则要到小雪节气前后才真正开始；而华南沿海地区则全年无冬。

## 立冬三候

初候，水始冰。

二候，地始冻。

三候，雉（zhì）入大水为蜃（shèn）。

从立冬开始，水已经能结成冰，土地也开始冻结。"雉入大水为蜃"中的"雉"，即指野鸡一类的大鸟，"蜃"为大蛤。立冬后，野鸡一类的大鸟便不多见了，而海边却可以看到外壳与野鸡的线条及颜色相似的大蛤。所以，古人认为雉到立冬后便变成大蛤了。当然这是不科学的。

 节气探源

### ∽ 采收、播种、御寒

立冬时节，各地农民都在抢抓农时，做好采收、播种、御寒管理等工作，田间地头一派繁忙景象。立冬，虽然日照时间变短，但是地表仍然贮存了一些热量，所以一般来说还不太冷。晴朗无风的时候，常有温暖和煦的"小阳春"天气，不但十分宜人，对冬作物的生长也十分有利。

秋收冬种，一定要抓住立冬时节这个大好时段。此时，农民会充分利用晴好天气，抓紧时间做好晚稻的收、晒、晾工作，确保一年的劳作有一个完美收获。同时，他们还会抓紧时间，充分利用这难得的"小阳春"天气进行冬小麦播种。不仅如此，各地的农民还要进行冬修水利、冬季积肥的工作。看来，冬闲也不闲啊！

补充冬水，让土地喝得饱饱的，这也是农作物过冬的关键。立冬前后，我国大部分地区降水量显著减少了，华北及黄淮地区日平均气温下降到4℃左右，在田间土壤夜冻昼消之时，抓紧时机浇好麦、菜及果园的冬水，以补充土壤水分不足，改善田间小气候环境，防止"旱助寒威"，减轻和避免冻害的发生。江南及华南地区及时开好田间"丰产沟"，搞好清沟排水，是防止冬季涝渍和冰冻危害的重要措施。

做好这些工作后，劳动了一年的人们会利用立冬这一天休息一下，顺便犒赏一家人一年来的辛劳。这时候，不仅人们休息了下来，就连农机具也要"休养生息"，"工欲善其事，必先利其器。"在农业上也是这个道理。入冬过后，农事渐渐完毕，农家应该趁闲暇时对所有农机具加以检查，进行整修。《礼记·月令》中有"命农计耦耕事，修来耜，具田器"。所说的正是这个意思。

照顾好了家里的田地，接下来要关照一下家里的牲畜了。畜牧业在这个节气要做好秋季防疫工作，着重做好补针工作；耕牛加强放牧，吃足草料；在冬季来临之前，要给牲畜开展一次驱虫工作。另外，立冬后空气往往渐趋于干燥，树木干枯，土壤含水较少，这时林区的防火工作也要提上重要的议事日程了。

## ॐ 补冬补嘴空

立冬是古代社会一个重要的节日。中国一直以来都是一个农耕国家，在农耕文化中，立冬伊始，忙忙碌碌的一年辛苦便转入了养精蓄锐、补给修整的时期。从立冬开始一直到立春都叫"冬三月"，是一年中最冷的时节。有些地区虽然还不冷，但还是顺应自然的变化，入冬以后起居调养都应该以"养藏"为主。民间立冬，则设炉烧炭，宰羊祭祖，采花草、煎香汤、缝冬衣、修农具……民谚有云："立冬补冬，补嘴空"，说的就是立冬这一天。

在我国北方，特别是北京、天津的人们爱吃饺子。为什么立冬吃饺子？因为饺子是来源于"交子之时"的说法。因我国以农立国，很重视二十四节气，"节"者，草木新的生长点也。秋收冬藏，这一天改善一下生活，就选择了"好吃不过饺子"。大年三十是旧年和新年之交，立冬是秋冬季节之交，故"交"子之时的饺子不能不吃。

现今的人们已经逐渐恢复了这一古老习俗，立冬之日，各式各样的饺子卖得很火。北方有句老话叫"再好吃的，不如自家的饺子"，意思就说再好吃的东西，也赶不上咱自家人亲手包的饺子。那是因为在记忆中，年少时每次吃饺子，一家人无论平时多忙，都会聚到一起齐上阵，和面的和面，调馅的调馅，擀皮的擀皮，忙得不亦乐乎。日子就这样美美地，一个小小的饺子就能让人很满足，难怪外出的游子最想念的，就是妈妈包的饺

子了。

冬日里人们除了吃饺子，还可以适当食用一些热量较高的食物，北方及西北地区常进补狗肉、牛羊肉等大温大补食物，南方地区多进食鸡、鸭、鱼等清补甘温之味。劳动了一年的人们，立冬这一天犒劳自己而"补冬"的风俗绵延至今，这也体现了中华饮食文化的精深长久。

# 立 冬

（唐）李白

冻笔新诗懒写，寒炉美酒时温。

醉看墨花月白，恍疑雪满前村。

## 名师点拨

诗中冻笔、寒炉、月白，描绘出一幅立冬之日天气冷清的画面。天气寒冷到什么程度呢？连写字的毛笔都被冻住了。冬天一到，万物收藏，但作者寄情美酒，顺应气候的变化酣睡冬藏，多么舒适和惬意！屋里寒冷，诗人全无吟诗作对的雅兴。这时诗人只好借着小酌与酣睡，给自己带来些冬日里的温暖，平添了一丝雅兴，醒来时竟仿佛看到村子被雪花覆盖。

一个"醉"字让我们看到了作者小憩之后，迷迷糊糊之际透过窗户望向外面。这时月亮已经升起，月光照在地上一片白光，

"恍"字又写出了作者恍惚之中，竟将一地月光当成了雪迹。作者拿起了浪漫的笔，借着满地的月光描绘出了想象中的白雪皑皑，银装素裹的冬天景象。用想象的写法描绘出冬日的美景，表达作者对冬日的憧憬和他的浪漫主义情怀。字里行间没有了之前的清冷与萧索，让我们感受到了美好与盎然，安然与闲适，让读者在这寒冷的冬日夜晚有了一份自在与随性，对冬日充满了遐想与憧憬。

## 冬神和西北风

《山海经》中记载，北方之神禺（yú）疆是古代传说中的海神、风神和瘟神，他掌管冬季，是司冬之神。禺疆也作"禺强"、"禺京"（古时候"强"和"疆"字通用），是黄帝之孙。海神禺疆统治北海，住在北海的一个岛上，人面鸟身，耳上挂着两条青蛇，脚踩两条会飞的红蛇。据说禺疆是"玄冥"，是颛顼（zhuān xū）的大臣，他的风能够传播瘟疫，如果遇上它刮起的西北风，将会受伤，所以西北风也被古人称为"厉风"。

为什么是西北风，而不是东南风呢？为什么传播瘟疫？这种风又是怎么形成的呢？

这就要从风的形成说起。风的形成是因为气压有差异，由高气压指向低气压，也就是说，气压才是造成风的直接原因。而气压差异则是因为冷热不均造成的。

从我国向北方（西伯利亚）是陆地，南方是海洋，因海洋陆地比热不同，陆地升温快，降温也快，所以陆地夏季温度相对要高，形成低气压；冬季温度相对要低，形成高气压中心。这样，夏天时，风从海洋吹向陆地，加上地转偏向力的作用，形成东南季风，比较暖湿。到了冬天，风从陆地吹向海洋，加上地转偏向力的作用，形成西北季风，冷且干燥。不仅如此，我国处在世界最大陆地（欧亚大陆）和最大的海洋（太平洋）之间，所以，也是季风最明显的地区。

因此，我国到冬季主要刮起西北风，而且是西北风长时间覆盖整个冬季，风力不小。这一股股强劲的西北风既冷又干燥，吹在人们身上是极易引发感冒的。古人把西北风称为"厉风"，冬神的风能够传播瘟疫，也许这种说法是由此而来的吧！

经典谚语

1. 立冬打雷要反春。

立冬后，降水量下降，但是，此时水分条件的好坏与农作物的苗期生长及越冬都有着十分密切的关系。若是降水多了（打雷了，通常都要下雨的），那并不意味着春天要来了，这是"反春"现象。

2. 立冬，三日寒，四日暖。

立冬过后，冷空气活动开始频繁，每次冷空气到来，都会出现一次明显的降温、大风或是雨雪天气，而后又转晴，并逐渐转暖回升，形成寒暖交替的天气变化。人们要结合这种天气的变化，在生活起居上作出相应的调整。

3. 立冬食蔗齿不痛。

立冬的时候，甘蔗已经成熟了，吃了不上火。这个时候"食蔗"，既可以保护牙齿，还可以起到滋补的功效。

谚语荟萃

- 立冬前犁金，立冬后犁银，立春后犁铁（指应早翻土）。
- 立冬种豌豆，一斗还一斗。
- 立冬北风冰雪多，立冬南风无雨雪。
- 立冬东北风，冬季好天空。
- 立冬晴，一冬晴；立冬雨，一冬雨。
- 重阳无雨看立冬，立冬无雨一冬干。

节气释义

　　小雪是二十四节气中的第二十个节气，在每年公历的 11 月 23 日或 24 日交节。此时天气还不是特别寒冷，所以，下雪的次数不算多，雪量也不是很大，故称为"小雪"。"小雪封地，大雪封河。"意思是小雪节气天空昏暗，很少能够见到太阳，大地阴冷，地冻得像冰块一样硬，树枝一片光秃。而到了大雪节气时，气温更低，冷得连河水都冻住了。

　　《月令七十二候集解》中写道："十月中，雨下而为寒气所薄，顾凝而为雪。"可以看出小雪表示降雪的起始时间和程度，随后气温就逐渐下降，开始降雪，但是还没有达到大雪纷飞的程度，所以叫"小雪"。因为我国地域辽阔，所以小雪节气基本上反映了黄河中下游地区的气候状况，而此时的北方则已进入了封冻季节。小雪时节实际上就是初冬的开始，天气一天天逐渐转冷，地面上的露珠变成了严霜，天空中的雨滴也就成了雪花，小河中的流水冻成了冰。这时候的雪是半冻半融的状态，有时候还会雨雪同降，这类降雪称为"雨夹雪"。农谚道："小雪雪满天，来年必丰年。"意思是说小雪节气落雪，来年雨水均匀，无大的旱涝。下雪可冻死一些病菌和害虫，来年可减轻病虫害的发生；积雪还有保暖的作用，有利于土壤的有机物分解，增强土壤肥力。所以，小雪时节的降雪对农业生产十分有益，俗话说"瑞雪兆丰年"呀！

## 小雪三候

初候，虹藏不见。

二候，天气上升地气下降。

三候，闭塞而成冬。

古人认为阴阳相交才会有虹，小雪节气阴气旺盛，阳气伏藏，雨水凝成了雪，虹自然就不见了；这个节气天空中的阳气上升，大地中的阴气下降；万物都失去了生机，天地闭塞，严寒的冬天开始了。

冬

小雪

## ✍ 小雪节气农事忙

小雪节气，我国东部会出现大范围大风降温天气，此时，是寒潮和强冷空气活动频繁出现的节气，受强冷空气影响，常伴有入冬后第一场降雪。

小雪节气以后，果农们则开始为果树修枝剪叶了，用草秸编箔包扎株杆，目的是防止果树受冻。俗话说："小雪铲白菜，大雪铲菠菜。"这个季节蔬菜多采用土法贮存，或者用地窖，或者用土埋，为的是利于食用。白菜采用深沟土埋储藏，白菜根部全部向下，依次并排放入沟中，天特别寒冷时，要在上面多覆盖一些白菜叶子和玉米秆子来防冻。

此时在南方，秋去冬来，冰雪封地天气寒。人们要打破"猫冬"的坏习惯，因为农事是绝对不可懈怠的。小雪期间，一般可以见到初雪，这时要预防霜冻对农作物的危害，更要加强越冬作物的田间管理，促进麦苗的生长。"地不冻，犁不停""早晚上了冻，中午还能耕。"意思是如果天气还算暖和，农民就不会停止犁地，"趁地未冻结，浇麦不能歇。"有时还要继续给小麦浇水，此时的人们多么盼望下一场雪呀！这样就能够给小麦盖上一层棉被，省去浇冻水的麻烦。

## ✍ 盈盈小雪，初绘饮食大餐

民间有："冬腊风腌，蓄以御冬"的习俗。小雪节气后，气温急剧下降，天气变得干燥，此时是加工腊肉的好时候。小雪节气开始后，人们会把新鲜的肉拌上盐，再配上一些八角、桂皮、茴香等香料，腌好以后就放入缸中，等一个星期或者半个月之后，包上粽叶悬挂起来，挂在通风的地方去风干，接下来人们会点燃柏树枝或者锯木屑加以熏烤，做成腊肉准备过年。

在南方一些地方，还留有农历十月吃糍粑的习俗。古时，糍粑是南方地区传统的节日祭品，最早时是农民用来祭牛神的贡品。有俗语"十月朝，糍粑禄禄烧"，指的就是用糍粑祭祀事件。

小雪前后，乌鱼群会来到台湾海峡，台湾中南部的渔民们则会晒鱼干、储存干粮。台湾俗谚："十月豆，肥到不见头"，意思是指在嘉义县布袋一带，到了农历十月可以捕到"豆仔鱼"。

小雪前后，土家族群众又开始了一年一度的"杀年猪，迎新年"民俗活动，给寒冷的冬天增添了热烈的气氛。吃"刨汤"，是土家族的风俗习惯，在"杀年猪，迎新年"民俗活动中，用上等新鲜猪肉，经精心烹饪而成的美食称为"刨汤"。

小雪时节，室外寒风呼啸，室内却非常干燥，很多人都会口干舌燥"上火"。这个时候，一定要多吃芹菜、莴笋等苦味的食品，多吃些梨、萝卜、藕和甘蔗。这个时节天气阴暗，容易引发抑郁症，因此，要选择性地吃一些调节心情的食物，切忌食用过于麻辣的食物。

## 问刘十九

（唐）白居易

绿蚁新醅（pēi）酒，红泥小火炉。

晚来天欲雪，能饮一杯无？

## 名师点拨

《问刘十九》是唐代诗人白居易所写的一首诗。刘十九是作者在江州时的朋友，在一个风花雪月的傍晚，诗人邀请朋友刘十九前来喝酒。全诗寥寥二十字，没有深远寄托，没有华丽辞藻，字里行间却洋溢着热烈欢快的色调和温馨炽热的情谊，体现了朋友间诚恳亲密的关系。

首先，全诗表情达意主要靠三个意象（新酒、火炉、暮雪）的组合来完成。"绿蚁新醅酒"，开门见山点出新酒，由于酒是新近酿好的，未经过滤，酒面泛起酒渣泡沫，颜色微绿，细小如蚁，故称"绿蚁"。首句的描写让我们犹如已经看到了那芳香扑鼻，甘甜可口的米酒。接着，"红泥小火炉"一句渲染了饮酒环境，突出了色彩。酒已经很诱人了，而炉火又增添了温暖的情调。后面两句："晚来天欲雪，能饮一杯无？"意为在这样一个傍晚，寒风瑟瑟，雪花飘飘，让人感到冷彻肌肤的凄寒，越是如此，就越能反衬出火炉的炽热和友情的珍贵。"家酒"、"小火炉"和"暮雪"三个场景连缀起来构成一幅有声有色、有形有态、有情有义的图画，其间流溢出友情的融融暖意和人性的阵阵芳香。

其次，这首诗的语言色彩丰润。首句"绿蚁"二字描绘酒状，酒色流香，次句中的"红"字犹如冬天里的一把火，温暖了人的身子，也温热了人的心窝。"红""绿"相映，色美兼香，气氛热烈，情调欢快。在风雪黑夜的无边背景下，小屋内的"绿"酒"红"炉和谐配置，格外温暖。

最后，是结尾问句的巧妙运用。"能饮一杯无？"，轻言细语，问寒问暖，贴近心窝，溢满真情。用这样的口语入诗收尾，既增加了全诗的韵味，更给读者留下无尽的想象空间。作品充满了生活的情调，浅显的语言写出了日常生活中的美和真挚的友谊。

# 小雪时节故事多

## 程门立雪

杨时，字中立，是剑南将乐人。小的时候，他就异常聪颖，善写文章。年纪稍大一点后，专心研究经史书籍，宋熙宁九年进士及第。当时，河南人程颢和弟弟程颐在熙宁、元丰年间讲授孔子和孟子的学术精湛，河南洛阳这些地方的学者都去拜他们为师，杨时被调去做官他都没有去，后来在颖昌以拜师礼节拜程颢为师，师生相处得很好。杨时回家的时候，程颢目送他说："吾的学说将向南方传播了。"又过了四年，程颢去世了，杨时听说以后，在卧室设了程颢的灵位哭祭，又用书信讣告了同学。程颢去世以后，他又到洛阳拜见程颐，这时杨时已经四十岁了。一天，杨时前去拜见程颐，程颐正闭着眼睛坐着，杨时与同学游酢就侍立在门外没有离开，等程颐睡醒的时候，此时门外的雪已经一尺多深了。那天正是冬季很冷的一天，不知什么时候开始下起雪来，门外积了很多雪。"程门立雪"这则成语的意思是尊师重道，恭敬求教。

## 囊萤映雪

晋代孙康因为没钱买灯油，晚上不能看书，只能早早睡觉。他觉得让时间这样白白跑掉，非常可惜。一天半夜，他从睡梦中醒来，把头侧向窗户时，发现窗缝透进一丝光亮。原来那是大雪映出来的，可以利用它来看书。于是，他倦意顿失，立即穿好衣服，取出书籍来到屋外。宽阔的大地上映出的雪光，比屋里要亮多了。孙康不顾寒冷，立即看起书来，手脚冻僵了，就起身跑一

跑，同时搓搓手指。此后，每逢有雪的晚上，他就不放过这个好机会，孜孜不倦地读书。这种苦学的精神促使他的学识突飞猛进，成为饱学之士。后来，他当了一个大官。

晋代时，车胤从小好学不倦，但因家境贫困，父亲无法给他提供良好的学习环境。为了维持温饱，没有多余的钱买灯油供他晚上读书。为此，他只能利用白天时间背诵诗文。夏天的一个晚上，他正在院子里背一篇文章，忽然见许多萤火虫在低空中飞舞，一闪一闪的光点，在黑暗中显得有些耀眼。他想，如果把许多萤火虫集中在一起，不就成为一盏灯了吗？于是，他去找了一只白绢口袋，随即抓了几十只萤火虫放在里面，再扎住袋口，把它吊起来。虽然不怎么明亮，但可勉强用来看书了。从此，只要有萤火虫，他就去抓一把来当作灯用。由于他勤学苦练，后来终于做了职位很高的官。

## 经典谚语

1. 节到小雪天下雪。

每年的 11 月 22 日或 23 日为小雪节气，此时大地还尚未寒冷，虽有降雪，但雪量不大，很快就融化了。提醒人们该御寒保温了。

2. 夹雨夹雪，无休无歇。

在寒冷的冬季，北方的冷湿气流与南方的暖温气流汇合到一起，就在空气中形成了雨雪天气。而空中的冷暖两股气流相当，来回交替相互活动，这样的天气一般要维持到半个多月的时间才能转晴。

3. 瑞雪兆丰年，积雪如积粮。

寒冷的冬天降雪，对农作物生长十分有利，预示着来年有较好的收成，因而"积雪"就如同是"积粮"一样。

谚语荟萃

- 小雪大雪不见雪，小麦大麦粒要瘪。

- 小雪不耕地，大雪不行船。

- 小雪地能耕，大雪船帆撑。

- 小雪不起菜，就要受冻害。

冬 小雪

节气释义

　　大雪是二十四节气中的第二十一个节气，在每年公历的 12 月 7 日或 8 日交节。大雪，顾名思义，就是指雪量很大。古人说过："大者，盛也，至此而雪盛也"。大雪节气前后，雪一般下得大，范围也比较广，天气会变得更加寒冷，我国很多地方的最低温度可降到零度以下。关于大雪节气，还有一种说法是，降雪的可能性比小雪时节更大了，而这并不是指降雪量很大，相反，大雪节气后，各地降水量都在进一步减少。

　　人们常说："瑞雪兆丰年"。严冬时节，皑皑白雪覆盖大地，可以有效保持地面及作物周围的温度，不会因寒流侵袭而降得过低，为冬作物创造良好的越冬环境。积雪融化时又会增加土壤中的水分含量，可以满足作物春季生长的需要。另外，雪水中氮化物的含量是普通雨水的5倍，因此，还有一定的肥田作用。所以有"今年麦盖三层被，来年枕着馒头睡"的农谚。大雪节气，人们要注意气象台对强冷空气和低温的预报，注意防寒保暖。越冬作物要采取有效措施，防止冻害。

## 大雪三候

初候，鹖（hé）旦不鸣。

二候，虎始交。

三候，荔挺出。

大雪时节天气寒冷，可以说是阴气最盛的时期，虽然天寒地冻，但正所谓盛极而衰。此时，阳气开始萌动，寒号鸟不再鸣叫了。老虎开始有了求偶行为，它们即将孕育新的生命，开始新的生活。"荔挺"为兰草的一种，它萌出新芽。看似天寒地冻，但新的生命正在蓬勃待发！

 节气探源

### ☙ 大雪节气话农事

大雪时节，除华南和云南南部无冬区外，我国大部分地区都已经进入了寒冬。东北、西北地区平均气温已降至 -10℃以下，黄河流域和华北地区气温也稳定在0℃以下，冬小麦已停止生长，

可以说此时已经进入"千里冰封，万里雪飘"的严冬时节。但是在此期间，勤劳的农人对田地却丝毫没有放松，他们正在根据当年的降雪情况，规划开春之后的农事活动。

北方地区的田间管理已经很少，但是，如果下雪不及时，人们偶尔还会在天气稍转暖时浇一两次冻水，以提高小麦越冬能力。或者还会利用冬日修葺禽舍、牲畜圈墙等，帮助禽畜安全过冬。俗话说："大雪纷纷是旱年，造塘修仓莫等闲"。此时，农民还要抓紧时间兴修水道、积肥造肥、粮食入仓等。农村的妇女们则三五成群，扎堆做针线活。手艺好的农家则将主要精力用在手艺上，如印年画、磨豆腐、编筐、编篓等，目的是赚钱补贴家用。

江淮以南地区的小麦、油菜仍在缓慢生长，但是农人已经开始为它们施肥了，为的是能让它们安全越冬，同时，为第二年春天的生长打好基础。华南、西南小麦进入分蘖（niè）期，农民会结合中耕为小麦施好分蘖肥，同时做好清沟排水工作。这时天气虽然寒冷，但是农民经常会利用天气好的时候给贮藏的蔬菜和薯类通风，避免因窖内温度过高，湿度过大，导致烂窖。我们在冬天能够吃到冬储的大白菜、大萝卜、土豆、白薯等蔬菜，是与农民的辛勤劳作分不开的。

## ∞ 古人"大雪"藏冰忙

在古时候，由于没有现代化的冷冻设备，为了让人们能够在骄阳似火的夏日享用到沁人心脾的冰块，每逢大雪时节，官府和老百姓就开始储藏冰块。古人藏冰的风俗历史悠久，我国冰库的建造、使用历史至少已有 3000 年以上。《诗经·豳风·七月》中写道："二之日凿冰冲冲，三之日纳入凌阴。"据相关史料记载，西周时期的冰库就已经具备相当规模，当时人们将冰库称为"凌阴"，将管理冰库的人员称为"凌人"。《周礼·天官·凌人》中记载："凌人，掌冰。正岁十有二月，令斩冰，三其凌。"这里所说的"三其凌"，意思是以预用冰数的 3 倍封藏冰块，确保储存的冰块能够满足使用。西周时期的冰库通常建造在地表下层，并用砖石、陶片之类砌封严密，或者用火将冰库四壁烧硬，这样才能有较好的保温效果，保证冰块入库之后能够得到有效保存。1976 年，在陕西秦国雍城故址，考古人员曾发现一处秦国凌阴，可以容纳 190 立方米的冰块。

为了便于长期贮存，古人对于入库的冰块也有具体的要求：如尺寸大小规定在三尺以上，因为太小的冰块容易融化，不利于储存。《唐六典》卷十九就明文规定藏冰法："每岁藏一千段，方三尺，厚一尺五寸。"这些入库储存的冰块最好是采集于深山溪谷之中的天然冰块，因为那里低温时间长，冰质坚硬，不容易融化，且干净无污染。

古人藏冰的用途是多种多样的，如祭祀建庙、保存尸体、食品防腐、避暑冷饮等。当然，古代用冰量最大的还是夏日的冷饮和各种风味独特的冰食。从屈原《楚辞》中所吟咏的"挫糟冻饮"，到汉代蔡邕待客的"麦饭寒水"，以及后来唐代宫廷的"冰屑麻节饮"、元代的"冰镇珍珠汁"等。几千年来，冰制美食的品种不断增多。

尽管古代的冰库多为皇室和权贵所拥有，用冰者多为上层社会人物，但冰库的发明创造、藏冰的高超技艺，却是古代劳动人民血汗与智慧的结晶，在中华民族的科学史上留下了光辉的篇章。

# 逢雪宿芙蓉山主人

（唐）刘长卿

日暮苍山远，天寒白屋贫。

柴门闻犬吠，风雪夜归人。

## 名师点拨

这首诗以旅客暮夜投宿、山家、风雪、人归为素材，以时间为序，用极其凝练的文字为读者呈现出一幅风雪夜归图。

首句写旅客薄暮时分行走在山路上的感受，次句写到达投宿人家时见到的景象，后两句写夜间在投宿人家听到的声音。每句诗都构成一个相对独立的画面，但是又彼此关联为一个整体。诗中有画，画中蕴情，丝丝入扣，动人心弦。

诗的开头，"日暮苍山远"五个字就给读者勾勒出一个暮色苍茫、山路漫漫的画面。诗句中没有直接写人物，但是，给读者的感觉却是人在其中，情在其中。尤其是诗句中的"远"字，给人以阔远之感。透过这个字，读者可以想象到暮色苍茫之中，一个孤寂劳顿的旅人正在匆忙赶路，他希望在天完全黑之前找到投宿之地。接着，诗的次句"天寒白屋贫"跃然纸上。一个"贫"字，应该是进入茅屋之后所形成的印象。"苍山远"之前加上"日暮"二字，"白屋贫"之前先写"天寒"二字，都充分地体现出了诗句的层次性。山路漫漫，内心孤寂，又即将日暮，更让人感觉到路途遥远。茅屋简陋，家境贫寒，又适逢寒冬时节，给人感觉更加凄苦。而联系上下句看，"天寒"二字还有承上启下的作用。承上进一步渲染日暮路遥；启下则作为风雪将来临的伏笔。前两句诗只用了十个字，就把山行和投宿的情景写得淋漓尽致了。

后两句诗"柴门闻犬吠，风雪夜归人"，写的是借宿以后的事。在用字上，"柴门"上承"白屋"，"风雪"遥承"天寒"，而"夜"则与"日暮"衔接。这样，从整首诗来说，前后部分虽然意境有差异，但前后关联，互有依托，浑然一体。"闻犬吠"从时间角度来看，肯定是夜间了，劳累的旅人已经入睡。从暮色苍茫到黑夜来临，从寒气袭人到风雪交加，从进入茅屋到安然入睡，中间是有时间间隔的，也肯定会有可以描述的事物，例如：可以写借宿人家的贫寒，可以写环境的荒凉与静寂，还可以写自己的所思所感。可是诗人却荡开一笔，直接写夜晚入睡后寂静中忽然喧闹的犬吠人归的场景。这样一来，不仅使诗篇更加精炼，而且使得承接显得更加紧凑，出人意料，给人以平地上突现奇峰之感。

## 大雪时节乐趣多

大雪时节，全国许多地方银装素裹。虽然天气寒冷，但是人们更多的是在冰天雪地里赏玩雪景。南宋周密《武林旧事·卷三》有一段话，描述了杭州城内的王室贵戚在大雪天里堆雪人、雪山的情形，"禁中赏雪，多御明远楼，后苑进大小雪狮儿，并以金铃彩缕为饰，且作雪花、雪灯、雪山之类，及滴酥为花及诸

事件，并以金盆盛进，以供赏玩。"

雪后初晴，整个大地、山川、河流都宛若琼楼玉宇、瑶池仙境。登高望远，趣味横生。宋代孟元老著的《东京梦华录》中，关于腊月有这样的记载："此月虽无节序，而豪贵之家，遇雪即开筵，塑雪狮，装雪灯，以会亲旧。"儿童可与父母或伙伴在院中堆雪人、打雪仗，尽情享受冰雪世界的乐趣。

大雪时节昼短夜长，所以，古时各手工作坊、家庭手工就纷纷开夜工，俗称"夜作"。手工纺织业、刺绣业、染坊到了深夜要吃夜间餐，因而有了"夜做饭""夜宵"。为了适应这种需求，各种小吃摊也纷纷开设夜市，直至五更才结束，生意很是兴隆。

"小雪封地，大雪封河"，到了大雪节气，河里的水都冻成冰了，人们可以尽情地滑冰嬉戏。滑冰是冬季里的游戏之一，也是大人孩子都喜欢的游戏，古代称为冰戏。北方寒冷，河流冻得实，男女穿着冰鞋在冰上自由穿梭，动作轻捷如飞，技巧高超的人更能做出种种花样。有的地方汲水浇成冰山，高三四丈，晶莹光滑，人们缚皮带蹬皮鞋，从山顶挺立而下，以到地而不仆倒者为胜，这种游戏叫作打滑挞。

清代的乾隆帝和慈禧太后，冬月经常在北海漪澜堂观赏冰戏。乾隆帝作有《御制太液池冰嬉诗集》《御制冰嬉赋》等与冰戏有关的作品。

1. 冬雪是个宝，春雪是根草。

冬雪像宝贝一样，对农作物是有好处的；春雪则像根草一样，对农作物反而有害处。

2. 大雪兆丰年，无雪要遭殃。

大雪预示着丰收的年景，没有雪，农作物就该遭殃了。

3. 大雪下雪，来年雨不缺。

大雪节气下雪，第二年就不会缺少雨水。

谚语荟萃

- 大雪不冻，惊蛰不开。
- 今年的雪水大，明年的麦子好。
- 大雪纷纷是丰年。

冬

大雪

节气释义

　　冬至是二十四节气中的第二十二个节气，更是二十四节气里最早确立的一个节气，在每年公历的 12 月 22 日前后交节。从冬至日这天则开始"数九"，每九天为一个"九"，总共 81 天，我们称为"冬九九"。冬至这天，太阳直射南回归线，是北半球全年白天最短、夜晚最长的一天。

　　冬至期间，虽然北半球日照时间最少，但是，由于夏天集聚的热量此时还没有完全散退，所以，这时的气温还不算最低，但地面辐射散失热量比获得的太阳辐射要多，故短时间内气温会持续下降。古书《二十四节气解》中说："阴极之至，阳气始生。日南至，日短之至。日影长之至，故曰冬至。"我国大部分地区一月份都是最冷的月份，所以民间有"冬至不过不冷"之说。在冬至过后，就进入了一年中最寒冷的阶段，人们经常说"进九"。人们在这时会数着"九"过日子，一个九日连着一个九日，掰着手指头数日子。温暖一天天地来到了，寒冷一天天地消失了。

> ## 冬至三候
>
> 初候，蚯蚓结。
>
> 二候，麋角解。
>
> 三候，水泉动。

冬至时节，蚯蚓在地下冻得僵成一团，犹如绳结。在古人看来，麋和鹿是同科，分属阴阳。麋的角朝后长，属于阴；鹿的角朝前长，属于阳。冬至日阳气生，麋感受到阴气渐消，开始解角。而此时，地下的泉水开始流动，温热且冒出热气。

 节气探源

## ∞ 冬至时令有习俗

12月22日是冬至日，这一天又称为"冬节"。冬至这一天，北半球的日照时间全年最短，日影则是一年中最长的。从冬至之日起，就进入了数九寒天。在汉族民间保留有涂画"九九消寒图"的习俗：画一枝梅花，素墨勾出九九八十一朵花，每天用红笔或黑笔涂染一朵花瓣，花瓣涂尽而九九出，称为"九九消寒

图"。有的是横着十画，竖着十画，制成一个九九八十一格的方块图表，每天涂抹一格，九尽格满，称为"九九消寒表"。其中最雅致的是九九消寒迎春联，每联九字，每字九画，每天在上下联各填一笔，如上联写有"春泉垂春柳春染春美"，下联对以"秋院挂秋柿秋送秋香"。在这漫长的冬季，这雅致而有趣的习俗，缓解了寒冬威胁下人们的心理危机，不失为一个逍遥的消遣方法。

冬至节，汉族民间还有赠鞋的习俗。《中华古今注》说："汉有绣鸳鸯履，昭帝令冬至日上舅姑。"后来，赠鞋于舅姑的习俗，逐渐变成了舅姑赠鞋帽于外甥侄子了。送给男孩的礼物，帽子多做成虎形、狗形，鞋上刺绣的也是猛兽。而送给女孩子的礼物，帽子多做成凤形，鞋上刺绣式样多为花鸟。每逢节日，大人们总喜欢抱着小孩串门，夸耀舅姑赠送的鞋帽。

## ℰ 有意思的九九歌

你们知道吗？从冬至的当天开始数，每九天为一个"九"，数完"一九"就数"二九"，一直要数到"九九"八十一天，这就叫"冬九九儿"，也叫"数九"。冬至一到，就进入了我们常说的"数九寒天"，这是我国古代用来反映冬季气温变化的一种民间节气。数完"九九"就算九尽了，"九尽杨花开"，到那时天气就暖和了。人们为这一节气编了《九九歌》，让我们一起来读读吧！

一九二九不出手；

三九四九冰上走；

五九六九，沿河看柳；

七九河开，八九雁来；

九九加一九，遍地耕牛走。

这首歌是把黄河流域最寒冷的冬天分成九个小阶段，按物象变化进行描述。"一九二九不出手"是说在这十八天里比较冷，是不适宜在田间劳动干农活的；"三九四九冰上走"，是说在这十八天里最寒冷，人们都可以在冰上行走了；"五九六九，沿河看柳"，是说在这十八天里，气温开始回升了，河边的杨柳开始出芽了；"七九河开"指河面结的冰已经开始融化了；"八九雁来"是说由于气温的回升，大雁开始从南方往北方飞；到了"九九"已经是惊蛰、春分时节了，牛羊开始出栏吃春草了。

在这个节气里，气候的变化是非常多样的，在"九九"八十一天的时间里，雪下得越大，收的小麦就越多。俗话说："要想吃白面，九九雪不断。"

四时诗韵

江 雪

（唐）柳宗元

千山鸟飞绝，万径人踪灭。

孤舟蓑笠翁，独钓寒江雪。

## 名师点拨

柳宗元笔下的山水诗有个显著的特点，就是把现实的景物写得比较幽僻，而诗人的心情则是比较寂寞的。这首《江雪》诗正是这样，诗人只用了二十个字，就描绘勾勒出了一幅幽静寒冷的画面：在下着大雪的江面上，一个老渔翁坐在一叶小舟上，独自在寒冷的江心垂钓。

首先，诗人用"千山"和"万径"这两个词，目的是为了给下面两句的"孤舟"和"独钓"画面作陪衬。没有"千"、"万"两字，下面的"孤"、"独"两字也就平淡无奇，没有什么感染力了。其次，山上的鸟飞，路上的人踪，诗人却把它们放在"千山"、"万径"的下面，再加上一个"绝"和一个"灭"字，就把最常见、最一般化的情景，一下子带给人一种极端的寂静、绝对的沉默的景象。因此，只有这样写，才能表达诗人所迫切希望展示出的那种摆脱世俗、超然物外的清高孤傲的思想感情。

在这首诗里，笼罩一切、包罗一切的东西是雪，山上是雪，路上也是雪，而且"千山"、"万径"都是雪，才使得"鸟飞绝"、"人踪灭"。就连船篷上、渔翁的蓑笠上，当然也都是雪。试想，在这样一个寒冷寂静的环境里，那个老渔翁竟然不怕天冷，不怕雪大，忘掉了一切而专心地钓鱼，孤独的性格显得清高孤傲，甚至有点凛然不可侵犯似的。这个渔翁形象，实际上就是柳宗元本人思想感情的寄托和写照。这正是柳宗元想表达的憎恨，当时那个一天天在走下坡路的唐代社会，带给他的是幽愤的心情。诗人借描写山水景物，借歌咏隐居在山水之间的渔翁，来寄托自己清高孤傲的情感。

这首诗在写法上虚实相生、动静相成，结构安排上非常巧妙。诗题是"江雪",但是作者入笔并不点题,他先写千山万径之静谧凄寂,栖鸟不飞,行人绝迹。然后笔锋一转,推出正在孤舟之中垂纶而钓的蓑笠翁的形象。一直到结尾才写"寒江雪"三个字,给人一种豁然开朗的感觉。

### 冬至为啥吃饺子?

各地进入冬至时,都有着不同的风俗。北方地区有冬至宰羊、吃饺子、吃馄饨的习俗,南方地区在这一天则有吃冬至米团、冬至长线面、汤圆的习俗。至今,一些地方仍有"冬至不端饺子碗,冻掉耳朵没人管"的民谣。

每年冬至这天,不论贫富,饺子都是各家必不可少的节日饭。还有人说,这个习俗是为纪念"医圣"张仲景"冬至舍药"而留下的。

张仲景是南阳稂东人,他著《伤寒杂病论》,集医家之大成,被历代医者奉为经典。张仲景有名言:"进则救世,退则救民;不能为良相,亦当为良医。"东汉时,他曾任长沙太守,走访民间病者并为他们施药,大堂行医。后来他毅然辞官回乡,为乡邻治病,其返乡之时,正是冬季。他看到白河两岸乡亲面黄肌瘦,饥寒交迫,不少人的耳朵都冻烂了,便让其弟子在南阳东关搭起医棚,支起大锅,在冬至那天舍"祛寒娇耳汤"医治冻疮。他把羊肉和一些驱寒药材放在锅里熬煮,然后将羊肉、药物捞出来切碎,用面皮包成耳朵样的"娇耳",煮熟后,分给来求药的人。

冬

冬至

人们吃了"娇耳"，喝了"祛寒汤"，浑身暖和，两耳发热，冻伤的耳朵也就都治好了。后人学着"娇耳"的样子包成食物，叫作"饺子"或"扁食"，所以，到了冬至这天，人们有吃饺子的习俗。

### 经典谚语

**1. 大雪忙挖土，冬至压麦田。**

在大雪节气前后，如果土壤没有封冻，就要赶紧深耕破垡。冬至时节，对旺长麦田要及时进行镇压，以提高麦田耐寒抗冻的能力。

**2. 冬至全年昼最短，日后白昼渐渐添。**

冬至这一天，是全年白天最短的时刻，之后黑夜渐渐变短，白天渐渐变长。

**3. 冬至过，地冻破。**

过了冬至，冬季空闲的地块应该耕翻破垡了，方便接纳冬季的雨水，熟化疏松的土壤，减少病虫越冬的基数。

### 谚语荟萃

- 冬至大如年。
- 冬至当日归三刻，拙女多纳三针线。
- 入九不加料，开春难上套。

# 小寒

节气释义

　　小寒是二十四节气中的第二十三个节气，一般在每年公历的1月5日前后交节。所谓"小"，是对于这一时期寒冷程度的概括。《月令七十二候集解》说："十二月节。月初寒尚小，故云，月半大矣。"是说此时虽已寒气逼人，但寒冷程度相对于之后的大寒节气来说尚浅。但在我国，小寒节气才是一年当中最寒冷的时期，只有少数年份的小寒气温高于大寒时的气温。俗话说："小寒大寒，冻作一团"。此时的华夏大地已处于隆冬阶

段，万物蛰伏，寸草不生，湖面上已然结了厚厚的冰。

　　小寒节气的到来，才真正使人们意识到冬天的来临，大家纷纷换上厚厚的冬衣抵御严寒。北风呼啸，天寒地冻，此时最让人们欣喜的，莫过于马上下一场鹅毛大雪，轻盈的雪花缓缓落下，身边的景物转眼间都被笼罩上了一层白纱，银装素裹。这既能使人们的心平静下来，也为肃杀的严冬增添了些许活力。小寒时节的农事活动较少，但此时农家仍要注意做好田间的防寒工作。对于讲求养生之道的人来说，气温的大幅度下降自然会引起关注，俗话说"三九补一冬，来年无病痛"，这一精辟的民谚便充分道出了人们对于小寒时节进补养生的看重。进入农历腊月，春节也就并不遥远了，小寒的民俗自然也与这一传统佳节关系紧密。就饮食方面来说，由于此时的气温很低，人们多会偏爱那些能够让自己的身体暖和起来的食品，暖性食品如羊肉等会比较受欢迎。

## 小寒三候

初候，雁北乡。

二候，鹊始巢。

三候，雉始鸲（qú）。

　　秋去的大雁开始向北迁移，但并非迁移到寒冷的最北方，只是离开了南方最热的地区；喜鹊一类的鸟此时开始在树上筑巢；雉鸡由于感知到了阳气的生长，而像八哥一样不断地鸣叫。

## ⌘ "小寒"农事不可少

小寒时节，我国整体气温下降明显，这对于作物的生长十分不利，因此，为了来年能够有个好收成，农家在这一节气里是绝对不会有丝毫松懈的。

凛冽的寒风使得人们换上了厚衣服，对于生命力更为脆弱的农作物来说，此时就需要有个"外套"来抵抗严寒，这就要提到现代农业中普遍使用到的蔬菜大棚，其能够有效地减少灾害性天气带来的负面影响。但生存在温室中，也并不意味着就能确保农作物苗壮成长，大棚起到隔绝低温的作用，相对应也会阻挡小寒时节本就稀缺的太阳光照，这很大程度上会影响到农作物的光合作用，造成其营养的缺失，甚至还会因此使农作物枯萎死亡。因此，农家会尽可能地让农作物多照阳光，即使遇到风雪低温天气，温室大棚上面所覆盖的起到保暖作用的草帘，也不会连日不揭开。

一到冬天，许多人特别是小孩子会格外期待雪的降临，但对于田间的农家来说，一场大雪的来临，却是一件很让人头疼的事，因为这会降低气温，造成冻害。为了减少损失，有经验的

农家会在小寒到来之初，就最大限度地做好准备。茶树是较易受到大雪、寒风侵袭的植物，因此，在雪后应当尽早清除掉枝条上的积雪，避免枝干被雪压断或被大风刮断。对于小麦一类的粮食作物，长江以北的农家通常会在麦苗上面覆盖土杂肥来防冻害，而江南地区种植油菜作物的农家，则会特别注意做好开沟排水工作，因为南方气温相对较高，雪融化的速度也较快，倘若没能及时排走雪水，则会使油菜根芽受损，茎秆腐烂。而对于苹果、梨一类的水果，为了其能够更好地生长，农家会选择在小寒时节为其进行"冬剪"，即修剪树的枝干，以调整枝叶的空间位置，让树体内的营养和水分得以合理分配运输。

## ᴕ 吃出"年味"，吃出"温暖"

小寒时节，距离春节已经很近，年味渐浓，一些家庭也已经着手为即将到来的春节做准备，写春联、剪窗花、买年画、备年货，忙得不亦乐乎。就饮食而言，此时随着气温快速下降，小寒时节的特色食品便有了另一重要功用，那就是御寒保暖。

也许一件厚厚的冬衣能够起到抵御严寒的作用，而一碗热气腾腾的羊肉汤则会使人从心底里暖和起来。羊肉性温，在所有温热食品当中的性价比是最高的，这也是其在小寒时节颇受欢迎的重要原因。

据《津门杂记》记载，在旧时天津地区，是有小寒时节吃黄芽菜的习俗的。所谓的黄芽菜，实际上是由白菜芽制作而成。在冬至日后，人们将白菜的茎叶割去后，保留其菜心部分，在离地二寸左右的地方用肥料将其覆盖好，半个月后便可以食用了。黄芽菜脆嫩的口感让人难以忘怀，这在一定程度上也弥补了旧日冬季蔬菜匮乏的情况。在旧时候的南京地区，人们对小寒节气颇为重视，虽然由于时代的变迁，人们对这一节气的关注度已大不如前，但从饮食当中还可以找到一些从前的影子，比如小寒"煮菜饭"的习俗就保留了下来。对老南京人来说，菜饭的食料并无定法，人们将南京特产"矮脚黄"、香肠、板鸭等同糯米放到一起煮，煮熟

之后香气扑鼻，极具南京风味。而到了广东地区，在小寒当天的早上食糯米饭是一项传统，为了让口感更好，还会将腊肉和腊肠切碎炒熟，辅之以花生米和葱白，放到饭里拌着吃。糯米相对于大米含糖量更高，人们食用后全身都会感觉到暖和，这对于寒冷的小寒时节来说，则再合适不过了。

四时诗韵

## 咏廿四气诗·小寒十二月节

（唐）元稹

小寒连大吕，欢鹊垒新巢。

拾食寻河曲，衔紫绕树梢。

霜鹰近北首，雏雉隐聚茅。

莫怪严凝切，春冬正月交。

冬

小寒

名师点拨

　　这首诗是元稹《咏廿四气诗》中关于小寒节气的一首，全诗用通俗易懂的语言，将该节气的物候变化描写了出来。首句中所说的"大吕"是中国古代十二音律之一，对应的是农历的十二月，而小寒又恰巧在这个月当中，此时树上的喜鹊开始筑造新巢穴，它们在结着冰的小河边上寻找食物，口中衔着筑巢所需要的枝条飞回到树梢。由于阳气生发，大雁一类的候鸟也开始飞回北方，雉鸡似乎也感受到了这一气息，开始在茅庐之外鸣叫。尽管此时的气温很低，万物都还处于沉寂的状态，但冬天来了，春天还会远吗？

　　从诗的内容来看，诗人元稹从"小寒三候"即"雁北乡，鹊始巢，雉始雊"入手，并将这一节气的特点描述得比较清楚。这是《咏廿四气诗》这一组诗的一贯风格，没有过多华丽的辞藻，仅仅写实的描写就足以让读者有身临其境之感。的确，诗人赋予了这三种动物以生命力，那口衔枝条，在河边忙碌着的喜鹊，尽管天气十分寒冷，它的心中却充满了欢愉，因为它在做着和人一样除旧布新的工作，似乎也在同人一道期盼着新年的到来。在秋季南飞的大雁，此时大概对北方的"故乡"有了些许的怀念，虽然此时的严寒还不允许其回到故地，但心向往之的大雁却依旧在努力朝着目标前进。雉鸡很善于藏匿，但此时的它们却难掩身影，因为生发的阳气使得它们不停地鸣叫。

这些内容反映了小寒时节的气温变化给动物们带来的影响，严寒刺骨确是真真切切的，但请不要过分苛责和抱怨，因为温暖的春天即将到来。想到这里，也许诗人并不只是就物候现象有感而发，大概也是在激励自己，激励读者面对困难不应退缩，不应抱怨，而应心怀希望，不断向前，因为胜利就在不远的前方。

## 小寒说养生

小寒时节处于"三九"期间，说是一年当中最冷的时候并不为过。因此在这一阶段，需要更为关注自身的健康问题，旧时的人们讲究养生，现代人由于生活节奏的加快，已然无暇顾及这些，因此身体状况也是每况愈下，俗话说"三九补一冬，来年无病痛"，做好这一时期的进补和养生尤为重要。那么究竟该如何做，才与小寒节气最为契合呢？

首先，应当做到早睡。所谓"冬藏"，指的是人到了冬天应当养精蓄锐，休养生息，这符合自然界的生长规律。对于人来说，最好的途径就是睡觉，保证充足的睡眠，有利于更好地调动身体机能。《黄帝内经》中提到"冬三月，早卧晚起，必待日光……此冬气之应，养藏之道也。"对于现代人而言，晚起似乎是一件不可能完成的任务，但所谓"日落而息"，规律起居不熬夜就显得容易了许多。

冬

小寒

其次，是做好头、胸、背、足的保暖工作。生活在天寒地冻的环境之下，极容易受到寒邪的侵袭，人体容易出现气血运行不畅的问题，因此冬季是脑血栓等心脑血管疾病以及感冒等疾病的多发季节。在中医看来，头部是经络的会聚之处，心是贯通胸背的核心器官，脚是寒气易攻击的部位，因此这些地方是需要重点保暖的部位，尤以老人和小孩更应注意，出门时应戴好帽子，不要湿着头发出门，上身也应当多加衣服以避寒保暖，还应选择保暖性能好的鞋子，并尽量做到每天晚上用热水泡脚。

而更重要的是心态要平和。冬天昼短夜长，天气寒冷，北风呼啸，加之雾霾笼罩，人们的心情普遍会有些低落，这便使疾病有了可乘之机。因此我们需要及时调整好心态，多参加户外活动，或静下心来读读书，听一听舒缓的音乐，还应多晒晒太阳，和植物一样进行光合作用，相信春天的脚步便会离我们越来越近。

经典谚语

1. 小寒大寒，滴水成冰。

在小寒节气和大寒节气当中气温很低，以至于水滴落在地上一下子就能结成冰。

2. 小寒暖，立春雪。

小寒时节如果不如往常那般寒冷的话，立春时候下雪的概率会很大。

3. 小寒不寒，清明泥潭。

小寒时节如果气温降幅不大的话，清明时节则会多雨。

- 冷在三九，热在中伏。

- 小寒无雨，小暑必旱。

- 小寒节，十五天，七八天处三九天。

- 小寒大寒寒得透，来年春天天暖和。

冬

小寒

# 大寒

## 节气释义

　　大寒是二十四节气中最后一个节气，在每年公历的 1 月 20 日前后交节。其中的"大"，是针对这一节气寒冷程度来说的，从字面上来看，大寒节气为一年当中气候最为寒冷的时期。"寒气之逆极，谓之大寒"，是古人对这一节气的表述，表达出的意思是寒冷的程度达到了一年当中的顶峰。但在实际观测下发现，只有少数年份的大寒节气的气温低于小寒，多数年份小寒节气的寒冷程度往往比大寒还要冷。

　　大寒节气到来的时候，人们早已习惯穿着厚厚的冬衣去参加各种活动。虽然此时冬季已经接近尾声，可大风和降雪天气却依旧经常光顾全国各地，尤其是北方地区。"岁寒，然后知松柏之后凋也。"大寒节气期间，全国多是天寒地冻、冰天雪地的景象，也只有松柏这类生命力顽强的植物能够在这种环境下生存。由于此时的降水量为一年当中最少，加之这时的自然环境条件并不适宜开展农事活动，农家便有了一段宝贵的休息时间，俗称"农闲"。除了为来年开春的农事活动做准备之外，人们在这段时间会把更多的精力放在即将到来的春节上，备年货、赶年集、扫尘、贴窗花等活动给这段时间增添了不少喜气。"过了大寒，又是一年"，到了大寒节气，严冬就将结束了，新的一年即将到来，和煦的春风将吹拂。

## 大寒三候

*初候，鸡始乳。*

*二候，征鸟厉疾。*

*三候，水泽腹坚。*

母鸡妈妈可以开始孵化宝宝了；鹰隼这类要远飞的猛禽正处于捕食能力极强的阶段，它们盘旋于空中，大量地捕食猎物，从而获取营养来抵御严寒；湖泊里的冰在这个时候已经冻到了湖水中央，且最结实、最厚。

 节气探源

### ∽ "大寒"农事不得闲

大寒节气期间，天气十分寒冷，降水量很少，降雪天气很常

见，这些都是不利于农作物生长的因素，农家因此可以有一段难得的"农闲"时间。但如果真的以为此时农家无事可做，那可就错了。这一段时间虽然不需要像春夏"面朝黄土背朝天"那样在地里辛苦劳作，却也要为农事操劳，"冬藏"就是其中重要的一环。各地的人们会把秋季收获的农作物储存好，用来应对剩余的冬日和即将到来的新年。我国地域辽阔，这使得南北方地区在气候上有一定的差异，因此也造成农事活动的不同。由于北方气温普遍偏低，农家会把重心放在田间作物以及家养牲畜的防寒抗冻上，同时堆肥积肥，清除田间的杂草，为来年开春的农耕做好充足的准备。南方地区多种植小麦，此时农家会加强小麦以及其他粮食作物的管理，由于农作物已经收割完毕，之前在平时看不到的田鼠窝会显露出来，此时便是集中消灭田鼠的重要时机，这在广东岭南地区已经成为每年大寒时节的传统习俗。

各地的人们会依据大寒气候的变化，去预测来年雨水及粮食的生长情况，以便及早安排农事，其中一个很重要的参考依据便是降雪量。农谚中提到"大寒三白定丰年"，指的就是在大寒期间的降雪量大，预示着来年会有大丰收。与之相近的是在民间口耳相传的"瑞雪兆丰年"。那么为何有这种结论呢？在古籍《清嘉录》第十一卷《腊雪》中提到"腊月雪，谓之腊雪，亦曰'瑞雪'杀蝗虫、主来岁丰稳。"是说在大寒时节的几场雪，有助于杀灭蝗虫一类的害虫，从而帮助农业生产。"老农犹喜高天雪，况有来年麦果香"，因此各地的农家格外忌讳在大寒节气里无雪。

## ∞ "大寒"冷还是"小寒"冷？

小寒和大寒是农历二十四节气当中的最后两个节气，《月令七十二候集解》中提到："十二月节，月初寒尚小，故云。月半则大矣。"说的是两个节气名字的由来。在古人看来，农历腊月月初的小寒并不如大寒冷。从字面来看，小寒似乎在冷的程度上会略逊一筹。从时间上来看，大寒是更为接近来年春天的节气。那么，究竟它们中哪个才是一年中最冷的节气呢？

俗话说"冷在三九"，小寒节气刚好就处于"三九"之中，从我国大部分地区的历史气象纪录来看，小寒才是一年当中最冷的节气。2015年，有一个对小寒和大寒气温的调查统计，这次的调查涉及全国120多个城市和地区，结果显示61%的地区是在小寒时候更冷，而只有32%的地区是大寒时候更冷，另外7%的地区为气温基本持平。

数据表明，"大寒"似乎有些名不副实，可为何这两个节气却又有大小之分呢？原因在于"节气"这一概念的起源地黄河流域，在古时的确是"大寒"要比"小寒"冷，而据现今统计，在北方地区大寒更冷的占比为50%，稍稍领先于小寒更冷的45%，除此之外，为了与夏季的小暑、大暑两个节气相对应，便有了现如今的节气名称安排。不过从往年的记录中不难看出，在寒冷程度上，"小兄弟"大有超越"兄长"的势头。

冬

大寒

## ✷ 大寒时节"年味儿"浓

大寒节气是一年当中最后一个节气，时间上处于农历的年尾，因此有很多传统和"年"有着紧密联系。此时的人们都期盼着新年的到来，大街小巷弥漫着欢愉喜庆的气氛，这份欢快和愉悦似乎也给大寒节气增添了些许温暖。可以这样说，大寒节气是二十四节气当中"年味儿"最足的了。

俗话说"过了小年是大年"，"小年"被看作是新年的预演。北方地区"小年"是在农历腊月二十三，南方地区"小年"则是农历腊月二十四。"贴窗花""贴春联""扫尘土"等成了这一天必不可少的活动。除此之外，最为重要的一项活动就要数"祭灶"了，家家户户在灶台边祭拜"灶王爷"，在旁边摆放丰富的贡品，以示对这位"保护神"的敬意。"二十三，糖瓜粘"，关东糖是这一天不可或缺的食品，除了做贡品用外，甜甜的味道也深受小孩子的喜爱。人们还会将关东糖熬化涂抹在"灶王爷"的嘴上，以求来年的日子甜甜蜜蜜，家人平平安安。

"尾牙祭"是旧时大寒节气中又一重要活动，现如今在福建商人群体中仍很盛行，时间是在每年农历腊月十六，这是一年当中最后一次祭拜土地神的日子。在这一天，商家们为了感谢土地公这一年的照顾，会准备大量的贡品来酬谢土地公，同时祈求来年生意兴隆、风调雨顺。贡品在祭祀完毕后，会奖励给在店里工作的员工，也是对员工一年来辛苦付出的一种酬谢。除了祭祀土地公之外，商店老板还会在"尾牙宴"中邀请店内所有的员工参与，餐桌上洋溢着的欢声笑语拉近了老板和员工之间的距离。

## ✷ 大寒时节吃得暖

中国人的饮食文化很有讲究，一年里的不同时节都会有各自具有代表性的食
品。大寒时节气候
寒冷，时间上又
临近新年，因此，
与之相关的食品既
满溢着"年味儿"，又
有一定的"温补"效用。

　　腊八节俗称为"腊八"，
即一年中的腊月初八，一般会在大寒
节气当中出现。民间在这一天有祭祀祖先和神灵的传统，而富有
智慧的古人也应时应节地创造出了"腊八"系列食品，其中最具
代表性的就要数腊八粥了。这个风俗最早可以追溯到宋代，距今
已有一千多年的历史，做法是将黄豆、芸豆和绿豆等豆类，葡萄
干、核桃仁、桂圆等干果放在一起熬制，扑鼻的芳香会弥漫整间
屋子。在这天寒地冻的时节里，与家人一同喝上一碗热乎乎的腊
八粥，既暖胃，又暖心。过去，平民百姓如此，天子和王公贵族
也同样讲究在这一天喝上一碗腊八粥，这真可以算是明星食品
了。中国人过年离不开吃饺子，"腊八醋"和"腊八蒜"便是最
好的佐料，在"腊八"当天准备好大蒜和米醋，将大蒜剥好洗净
后放进罐子当中，用米醋浸泡并密封好，在除夕当天启封，此时
罐子中蒜的颜色已经变得如翡翠一般湛清翠绿，口感上也少了原
有几分辛辣，而多了几分醋的酸甜。

　　糯米性温，有健脾暖胃的功效，在大寒节气里食用是再合适
不过的了。在广东民间有吃糯米饭的传统，在制作过程中会在其
中添加红枣一类的佐料，颜色多样，有一定的保胃功效，因此深
受南方地区群众的喜爱。就北京地区而言，人们会在大寒节气这

冬
大寒

一天吃"消寒糕"，这是年糕的一种，由糯米制成，食用后全身充满暖意，有利于驱散风寒。年糕取其谐音"年高"，象征着步步高升，平平安安，这也作为老北京的传统习俗被保留了下来。

四时诗韵

# 大寒吟

（宋）邵雍

旧雪未及消，新雪又拥户。

阶前冻银床，檐头冰钟乳。

清日无光辉，烈风正号怒。

人口各有舌，言语不能吐。

## 名师点拨

宋代哲学家邵雍的这首诗，是围绕大寒这一节气进行描述的，诗人将大寒时节的气候特征表述得非常清楚。首先，就是降雪频繁。有多频繁呢？昨日的雪还未消融，而今天下的雪又在窗边堆积起来。其次，就是持续的低温天气。这使得台阶上积起了厚厚的雪，就如同银色的床铺一样，屋檐下垂挂着的冰就好像钟乳石一般，甚至于连带给万物以温暖的太阳，都在这时失去了往日的光辉，而凛冽的寒风还在"呼呼"地吹着。更为夸张的是什么呢？每个人都有口舌，但由于天气太冷了，以至于舌头都被冻住，人们连话都不能说了。

诗人用简洁的语言概括了大寒天气的种种景象，让读者能够从中真切地感受到阵阵寒意。那窗边和台阶上的积雪，房檐下垂着的冰柱，冬日无光的太阳，仿佛都出现在眼前，耳边似乎也能够听到"呼呼"作响的北风。而全诗的点睛之笔在最后一句，平常被我们含在口中的舌头，又如何能被冻住呢？倘若连舌头都被冻住的话，更何况手脚呢？诗人在这里运用了适当的夸张，让我们更能感受到大寒时节的极端严寒。想必对于保暖措施十分落后的古人来说，大寒节气更让人难以接受。

### 踩出来的好运气

俗语云："芝麻开花节节高"。为了借这个好的寓意，旧时候，在大寒时节，经常能看到人们在街上争相购买芝麻秸秆的热闹场景。在除夕夜的当天，大人们会将之前买来的秸秆撒在人们经常行走的路上，给过小孩子压岁钱之后，便让孩子们去街上踩碎它们。拿着这笔不菲的零花钱，穿着年前刚买来的新衣服，年饭吃得很饱的小孩子们怀着满心的欢喜蹦蹦跳跳地跑出家门，街上由此充满着孩子的欢声笑语和芝麻秸秆"噼里啪啦"的破碎声，一派过年的喜庆气氛。旧时候的人们之所以会有这一活动，

一来是"芝麻开花节节高",象征着一年更比一年好;二来芝麻秸秆是带棱的,风干后踩起来声音特别脆响,有"岁岁平安"的含义;三来芝麻秸秆形状挺直、细长,还象征着"长命百岁";四来芝麻壳的样子很像一个个小元宝,代表着财运旺盛。

干燥的芝麻秸秆很脆,一踩就碎。踩碎踩碎,慢慢就成了"踩岁"。近些年来,芝麻秸秆不容易买到了,习惯于传统的人们就用吃完的花生皮和瓜子皮来替代,在踩下的时候,嘴里还会念叨着:"岁岁平安!岁岁平安!"人们一边"踩岁",一边祈求自己一年更比一年好,能长远地丰衣足食,图个来年吉利。

"踩岁"这一活动,让大寒节气"驱凶迎祥"的节日气氛变得更加浓厚,尽管它表达了人们对新一年的美好期盼和祝愿,却并没有随着时间的推移很好地延续下去,这种习俗慢慢被放鞭炮所取代。如果从文化传承以及环保的角度来说,"踩岁"似乎都略胜一筹,理应得到我们的重视和保护。

1. 过了大寒,又是一年。

过了大寒这一节气,也就离新的一年不远了。

2. 大寒不寒,春分不暖。

大寒这一天如果天气不冷,那么寒冷的天气就会向后展延,来年春分时节的天气就会十分寒冷。

3. 大寒见三白，农人衣食足。

在大寒时节里，如果能多下雪，把蝗虫的幼虫冻死，这样来年的农作物就不会遭到虫灾，农作物才会丰收，农人们就可以丰衣足食了。

谚语荟萃

- 小寒大寒不下雪，小暑大暑田开裂。
- 大寒日怕南风起，当天最忌下雨时。
- 小寒大寒，冷成冰团。
- 大寒到顶点，日后天渐暖。
- 南风送大寒，正月赶狗不出门。

冬
大寒